ORIENTAÇÃO PARA ESTÁGIO EM
LICENCIATURA

Dados Internacionais de Catalogação na Publicação (CIP)
(Câmara Brasileira do Livro, SP, Brasil)

Bianchi, Anna Cecilia de Moraes.
   Orientação para estágio em licenciatura / Anna
Cecilia de Moraes Bianchi, Marina Alvarenga, Roberto
Bianchi. - São Paulo : Cengage Learning, 2013.

   Bibliografia
   2. reimpr. da 1. ed. de 2005.
   ISBN 978-85-221-0471-0

   1. Educação - Estudo e ensino (Estágio) 2. Estágio
- Programas 3. Licenciatura 4. Professores - Formação
profissional I. Alvarenga, Marina. II. Bianchi, Roberto.
III. Título.

04-8774   CDD-370.71

Índice para catálogo sistemático:

   1. Estágio curricular supervisionado : Licenciatura :
Orientação : Educação 370.71

ORIENTAÇÃO PARA ESTÁGIO EM
LICENCIATURA

Anna Cecilia de Moraes Bianchi

Marina Alvarenga

Roberto Bianchi

CENGAGE

Austrália • Brasil • México • Cingapura • Reino Unido • Estados Unidos

Orientação para estágio em licenciatura
Anna Cecilia de Moraes Bianchi, Marina Alvarenga, Roberto Bianchi

Gerente Editorial: Adilson Pereira

Editora de Desenvolvimento: Danielle Mendes Sales

Supervisora de Produção Editorial: Patricia La Rosa

Produtor Editorial: Fábio Gonçalves

Copidesque: Cristiane de Vasconcellos Schlecht

Revisão: Vera Lucia Quintanilha e Silvana Gouveia

Diagramação: Virtual Laser Ltda.

Capa: Fz.Dábio Design Studio

© 2005 Cengage Learning Edições Ltda.

Todos os direitos reservados. Nenhuma parte deste livro poderá ser reproduzida, sejam quais forem os meios empregados, sem a permissão, por escrito, da Editora. Aos infratores aplicam-se as sanções previstas nos artigos 102, 104, 106 e 107 da Lei nº 9.610, de 19 de fevereiro de 1998.

Esta editora empenhou-se em contatar os responsáveis pelos direitos autorais de todas as imagens e de outros materiais utilizados neste livro. Se porventura for constatada a omissão involuntária na identificação de algum deles, dispomo-nos a efetuar, futuramente, os possíveis acertos.

A editora não se responsabiliza pelo funcionamento dos links contidos neste livro que possam estar suspensos.

Para informações sobre nossos produtos, entre em contato pelo telefone **0800 11 19 39**

Para permissão de uso de material desta obra, envie seu pedido para **direitosautorais@cengage.com**

© 2005 Cengage Learning. Todos os direitos reservados.

ISBN-10: 85-221-0471-9
ISBN-13: 978-85-221-0471-0

Cengage Learning
Condomínio E-Business Park
Rua Werner Siemens, 111 – Prédio 11 – Torre A – Conjunto 12
Lapa de Baixo – CEP 05069-900 – São Paulo – SP
Tel.: (11) 3665-9900 – Fax: (11) 3665-9901
SAC: 0800-11-19-39

Para suas soluções de curso e aprendizado, visite **www.cengage.com.br**

Impresso no Brasil
Printed in Brazil

A disciplina, confiança e força que impulsionam o aluno nos estudos é resultado da fé na sabedoria do mestre.

Apresentação

Todos os aspectos abordados em um livro sobre estágio para formação de professores são envolventes, pois se trata de prática associada à aprendizagem e ao ensino.

A licenciatura é área na qual prepondera a educação. Sua finalidade é formar cidadãos conscientes de suas obrigações para com o país onde vivem, as pessoas com quem convivem e ainda, de maneira mais ampla, o planeta em que habitam.

Ainda mais, educar não envolve apenas, no mundo de hoje, a formação de pessoas dispostas a elaborar falas repletas de conhecimentos, mas, principalmente, deve ter como conseqüência formar intelectuais que usem sua capacidade em tarefas e, mesmo nas de simples execução, ponham em prática seu raciocínio, para que possam ser concluídas com simplicidade, rapidez e perfeição.

O resultado dessa forma de agir nos retroage a um passado, no qual os intelectuais, formados em escolas, as mais exigentes, não hesitavam em pôr a "mão na massa" e criar situações facilitadoras para solução de qualquer problema que envolvesse seu trabalho, intelectual ou não.

Formar professores que saibam alfabetizar, que aprendam a raciocinar, utilizando o intelecto para todas as atividades da vida, seja na profissão, no seu dia-a-dia, seja na convivência com o mundo, é o que pretendemos ao apresentarmos orientações para o estágio, nas quais o aluno utilize a teoria aprendida para aplicá-la na prática.

Reverter situações e aprender a criticar, de forma a aprimorar-se ainda mais, observando e aprendendo, colaborando com as instituições, proporcionará oportunidade para que, futuramente, o aluno saiba ensinar e educar.

Para escrever sobre nossa atuação no estágio supervisionado, aguardamos o momento oportuno na expectativa de que nossa vivência seja útil aos que praticam essa atividade, unindo-nos em um trabalho gratificante.

Mudanças constantes, experiências novas e participação de colegas em um trabalho de interface são o complemento para o bom andamento dessa disciplina. Ela se torna, também, facilitadora da inclusão definitiva de alunos no mercado de trabalho.

Esta é uma atividade das mais independentes, nos diversos cursos, e está condicionada a uma legislação que prevê sua obrigatoriedade, mas de livre aplicação pedagógica nas instituições de ensino.

Colocamos aqui nossa experiência, objetivando colaborar com professores e alunos para um bom aproveitamento no Estágio Curricular Supervisionado, visto que essa disciplina envolve teoria e prática em profundidade, e esperando que contribua para a inserção de profissionais competentes nas instituições.

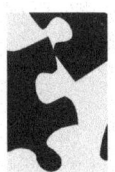

Sumário

INTRODUÇÃO XV

Capítulo 1 Estágio Curricular Supervisionado 1
    1.1 Conceito 1
    1.2 Histórico no Brasil 2
    1.3 Histórico no mundo: uma breve menção 3
    1.4 Teoria e prática no trabalho acadêmico 4
        1.4.1 Especificidades do estágio nas licenciaturas 5
        1.4.2 Aprendizagem teórica no estágio: o projeto 5
        1.4.3 Resultado da aplicação do projeto: o relatório 6
    1.5 O estágio e a formação de professores 6
    1.6 Incentivos para realização de um bom trabalho 7
    1.7 Escolha da instituição 7

1.8 Bases do trabalho acadêmico   8

    1.8.1 As regras no trabalho acadêmico   8

    1.8.2 Estágio: um dos trabalhos acadêmicos   8

    1.8.3 O trabalho aplicado   9

    1.8.4 A pesquisa: parte inerente ao trabalho   10

Capítulo 2 Projeto aplicado no estágio   11

    2.1 Por que projetar?   12

    2.2 Pressupostos para um bom projeto   13

        2.2.1 Elementos constitutivos do projeto   13

            2.2.1.1 Unidade escolar   14

            2.2.1.2 Público-alvo   14

            2.2.1.3 Tema   14

            2.2.1.4 Objetivos   15

            2.2.1.5 Justificativa   15

            2.2.1.6 Fundamentação teórica   15

            2.2.1.7 Conteúdo   16

            2.2.1.8 Procedimentos metodológicos   16

            2.2.1.9 Recursos   17

            2.2.1.10 Cronograma   17

            2.2.1.11 Avaliação   18

Capítulo 3 Apresentação do projeto   19

    3.1 Modelo de projeto   19

        3.1.1 Elementos constitutivos de um projeto da área educacional   20

            3.1.1.1 Unidade escolar   20

            3.1.1.2 Público-alvo   20

            3.1.1.3 Tema   20

            3.1.1.4 Objetivos   20

3.1.1.5 Justificativa   20
3.1.1.6 Fundamentação teórica   21
    3.1.1.6.1 Do desenvolvimento escolar   21
    3.1.1.6.2 A agressão ao ar   22
    3.1.1.6.3 O combate à poluição do ar   23
3.1.1.7 Conteúdo   24
3.1.1.8 Procedimentos metodológicos   25
3.1.1.9 Recursos   25
3.1.1.10 Cronograma (Gráfico de Gantt)   25
3.1.1.11 Avaliação   26

3.2 Aplicação do projeto   26
3.3 O local   26
3.4 Apresentação do projeto ao público-alvo   26
3.5 Horário   27
3.6 Atividades   27
3.7 Acompanhamento   28
3.8 Relatório   28
3.9 Sugestões de temas   28

Capítulo 4 Estatística descritiva   31
4.1 Introdução   31
4.2 Medidas de posição   32
    4.2.1 Moda (m_o)   33
    4.2.2 Mediana (m_d)   34
    4.2.3 Média aritmética ($\bar{x}$)   34
    4.2.4 Média aritmética combinada ($\bar{x}_c$)   35
    4.2.5 Média aritmética ponderada ($\bar{x}_p$)   37
4.3 Medida de dispersão   38
    4.3.1 Desvio-padrão (s)   38
4.4 Distribuição de freqüências   40

4.4.1 Média aritmética ($\bar{x}$)   42

4.4.2 Desvio-padrão (s)   42

4.4.3 Aplicação   43

4.5 Arredondamento de dados   47

4.6 Representação gráfica   50

4.7 Taxas e índices   52

    4.7.1 Taxa de aproveitamento   52

    4.7.2 Taxa de reprovação   53

    4.7.3 Taxa de evasão   53

    4.7.4 Índice de densidade escolar   53

    4.7.5 Taxa média de crescimento anual   54

    4.7.6 Índice de qualidade ambiental (EQ)   56

4.8 Séries estatísticas   57

4.9 Separatrizes   58

    4.9.1 Quartis   58

    4.9.2 Aplicação   62

4.10 Sugestões aos estagiários   66

Capítulo 5 Revendo as proposições anteriores para organizar o trabalho   69

5.1 Organizando o pensamento para produzir e registrar idéias   69

5.2 Uniformização e regularidade na apresentação dos trabalhos   70

    5.2.1 O trabalho científico – importância das normas a serem seguidas   70

5.3 As normas prescritas pela ABNT e os trabalhos acadêmicos   71

5.4 Antes de iniciar a elaboração do relatório   73

Capítulo 6 Término do trabalho: elaboração do relatório   75

    6.1 Bases para elaboração do relatório   75

    6.2 Regras para apresentação   75

    6.3 Partes que compõem o trabalho acadêmico   76

        6.3.1 Apresentação concisa dos elementos   78

    6.4 Elementos obrigatórios   78

        6.4.1 Elementos obrigatórios pré-textuais   78

        6.4.2 Elementos obrigatórios textuais   86

        6.4.3 Elemento pós-textual obrigatório   89

    6.5 Elementos opcionais   89

        6.5.1 Elementos opcionais pré-textuais   89

        6.5.2 Elementos opcionais pós-textuais   91

    6.6 Encadernação   92

    6.7 Folha de fundo   92

    6.8 Orientações finais – quatro itens importantes   92

        6.8.1 Apresentação do trabalho   92

        6.8.2 Reler o trabalho é indispensável   93

        6.8.3 A valorização do estágio   93

        6.8.4 Atitudes favoráveis à realização de um bom estágio   94

Bibliografia   95

Introdução

O conteúdo deste livro tem por objetivo contribuir para a formação de pessoas atuantes na profissão para a qual se destinam. Para tanto, fundamentamos as atividades da disciplina Estágio Curricular Supervisionado, no trabalho metodológico científico: o aluno traçará, por meio de um projeto, o caminho a percorrer, no qual decidirá o tempo de execução, os métodos de trabalho e as características do contexto em que permanecerá, entre outros aspectos importantes.

Estágios bem planejados, previstos em projetos, podem contribuir também para as comunidades em que as escolas estão inseridas. Os jovens, ainda freqüentando a universidade, podem receber dupla orientação:

- no local em que estagiam: de coordenadores, professores e diretores;
- na universidade: dos professores das disciplinas específicas e do professor orientador.

Nas licenciaturas, as disciplinas específicas oferecem fundamentos importantes para que o estagiário aprenda, por exemplo, a observar e planejar aulas utilizando a metodologia de ensino e conteúdos que são pertinentes à Didática.

Para a formação de professores, a interface entre as disciplinas dos cursos é um fator primordial. Esse trabalho conjunto, certamente, servirá para o aluno aferir seu desempenho sobre as atividades que exerceu na instituição na qual estagiou bem como exercitar o senso crítico para inovações em atividades similares.

Este livro compõe-se de seis capítulos:

O Capítulo 1 dedica-se à formação de professores, abrangendo as licenciaturas de modo geral, conceitua o estágio e refere-se a seus pontos mais significativos; reporta-se aos trabalhos acadêmicos, enfatizando suas bases.

Os Capítulos 2 e 3 mostram como preparar e elaborar projetos, para colocá-los em prática na instituição de ensino em que o estudante irá estagiar.

No Capítulo 4 inserimos a Estatística, que é indispensável aos alunos que se proponham, durante o estágio, a aprender a elaborar pesquisas e aprofundar-se em estudos que levem à percepção dos aspectos importantes de um estabelecimento de ensino.

O Capítulo 5 pretende dar segurança ao aluno na apresentação do relatório, com o objetivo de tornar bem-sucedida essa tarefa final.

No Capítulo 6 o estudante aprende a elaborar gradualmente relatórios que sucedem ao projeto e que, juntos, são de grande valia para estudos posteriores, além de oferecer sugestões e lembretes práticos, imprescindíveis ao desempenho do estudante no local em que pretende atuar.

Procuramos, com nossa experiência, oferecer neste livro segurança no desempenho do Estágio Curricular Supervisionado e fazer com que o aluno-mestre compreenda que as atividades aqui propostas são de inestimável valor para aqueles que se propõem a envolver-se com a educação.

Capítulo 1

Estágio Curricular Supervisionado

1.1 Conceito

O Estágio Supervisionado é uma atividade em que o aluno revela sua criatividade, independência e caráter, proporcionando-lhe oportunidade para perceber se a escolha da profissão para a qual se destina corresponde a sua verdadeira aptidão. Portanto, "Compreender primeiramente o que é ou como se conceitua o Estágio Supervisionado é de muita importância para o aluno" (Bianchi et al., 2003, p. 7).

O Estágio Curricular Supervisionado é, durante os estudos, a disciplina que conduz à descoberta de meios importantes para o preparo do trabalho a ser executado em qualquer profissão. Quem o pratica com fidelidade e presteza passa a projetar e vivenciar experiências novas, que, bem planejadas e seguras, trarão como conseqüência para o estagiário um desempenho satisfatório na instituição que o acolheu.

O estágio é uma atividade temporária, um período de prática, exigido para o exercício de uma profissão e, no caso das licenciaturas, para exercício do magistério.

1.2 Histórico no Brasil

"O estágio escolar é uma coisa muito séria, porque não se poderá nunca prescindir do tempo para a completa educação do homem", já afirmava, em 1919, Carneiro Leão, educador emérito, indicando em seu livro *Problemas de educação*, países que já incluíam o estágio em suas escolas.

Essa complementação de estudos, prevista há tanto tempo, retorna a nós e, com base em legislação que a regulamenta, tornou-se obrigatória nas instituições de ensino. "Aprender fazendo", aliar a teoria à prática é marca da educação atual no mundo todo.

Em qualquer época, desde que se tenha por objetivo o aperfeiçoamento para o exercício de cargos ou funções, torna-se imprescindível que a prática se alie à teoria, em qualquer profissão.

O 1º Encontro Nacional de Professores de Didática aconteceu na Universidade de Brasília (UnB), em 1972, e o coordenador foi o professor Valnir Chagas. Compareceu a esse importante evento o então ministro Jarbas Gonçalves Passarinho, e juntos em uma palestra mostraram seu entusiasmo pela colocação de alunos no mercado de trabalho em períodos de estágio.

Essa reunião de professores de Didática e Prática de Ensino teve como objetivo orientar e incentivar professores para a realização da prática unida à teoria; a disciplina – Prática de Ensino – nessa ocasião, já passara a ter a denominação de Estágio Supervisionado.

Até então, na universidade, o professor encarregado da prática preparava e encaminhava alunos para classes de níveis inferiores, em escolas de 1º e 2º graus (atuais Ensino Fundamental e Médio), que pertenciam a essa instituição, a fim de ministrar aulas. Essa atividade era obrigatória, também, nos cursos de magistério.

A experiência contava com a presença do professor, porém ela não correspondia ao que o estudante, treinado dessa forma, enfrentaria em sua profissão. Em algumas instituições, as classes numerosas impossibilitavam que todos os alunos passassem por esse treinamento, e muitos deles somente assistiam à apresentação de colegas e ouviam os comentários do orientador.

Foi no final da década de 1960 que a prática passou a ser, efetivamente, em forma de Estágio Supervisionado.

A adaptação a essa forma de aprendizagem *in loco* não foi muito fácil. Ela dependeu de legislação federal e, posteriormente, da estadual, para que fosse regularizada a aceitação de estagiários nas instituições.

Muitas foram as dificuldades dos primeiros estudantes, principalmente dos universitários, que abriram caminho àqueles que vieram nos anos seguintes.

Em 1971 assumimos, para lecionar na Universidade, a disciplina Prática de Ensino. Nessa ocasião, ela deveria ser implementada em forma de estágio, de acordo com a legislação vigente. No 1º Encontro Nacional de Professores de Didática, em 1972, houve muitos debates sobre essas mudanças e suas vantagens. O objetivo era proporcionar ao aluno oportunidade de verificar, na prática, a teoria aprendida.

Cada vez mais, a partir desse momento, com a assistência das autoridades competentes, esse trabalho foi se solidificando nas instituições formadoras de professores e nas que recebem esses estudantes, para concretizar as indispensáveis atividades práticas.

Projetos e relatórios tornam eficiente esse trabalho acadêmico que muitos benefícios pode trazer ao estudante.

1.3 Histórico no mundo: uma breve menção

Na Idade Média, na Europa, os acadêmicos não deixavam de pôr a "mão na massa" e praticar outras atividades, além de estudar. Era o *homo faber* do passado que utilizava o raciocínio e memória desenvolvidos nos estudos para concretizar trabalhos simplificados por essas condições adquiridas.

Aos poucos, entretanto, a intelectualidade foi-se tornando um marco da educação européia, relevando, assim, o emprego dos conhecimentos adquiridos nas escolas, que antes era muito bem utilizado na prática.

Sousa Santos (1997) cita como exemplo do cultivo exclusivo da intelectualidade a Universidade de Humboldt, da Alemanha, "considerada imprescindível para a formação de elites". Entretanto, segundo esse autor, o desenvolvimento tecnológico levou a escola a refletir sobre esse "apelo à prática" que a universidade tem de aceitar.

Com a chegada da era tecnológica, os educadores desencadearam uma batalha para que a prática voltasse a fazer parte das atividades referentes à escola.

As mudanças em nossos dias visam à integração, de modo que haja um favorecimento mútuo: educação e trabalho; teoria e prática.

O Brasil também teve uma fase em que a escola tinha por objetivo formar intelectuais, cuja erudição não permitia que tarefas simples do cotidiano permeassem sua prática.

No entanto, a aprendizagem voltada ao objetivo de tornar os estudantes auto-suficientes, confiantes e seguros, quando da continuidade de seu trabalho na profissão escolhida, deverá recorrer à prática para concretização da teoria estudada.

1.4 Teoria e prática no trabalho acadêmico

A universidade, durante séculos e em especial no século XIX, teve como base o ensino teórico. Sousa Santos (1997), em seu livro *Pela mão de Alice*, refere-se a ela como "a torre de marfim", a qual tornava o aluno um intelectual que se aprofundava em estudos, muitas vezes se alienando do mundo a sua volta.

Hoje, afirmamos com Santos, o aluno não pode ser "insensível aos problemas do mundo contemporâneo" e deve contribuir com todas as suas forças para dar respaldo e solução, no que lhe compete, à sociedade em que atuará.

Para o magistério, não se pode prescindir de uma prática efetiva, para que os estudantes avaliem essa atuação que será a constante de toda a sua vida no futuro.

A permanência produtiva de alunos no mercado de trabalho deve ser também a preocupação de educadores, inclusive para que a escola da qual serão egressos tenha conceito elevado nas comunidades em que se situam.

Por ser uma disciplina independente, que deve ser aplicada em contexto real, o Estágio Curricular Supervisionado substituiu, concorrendo para a melhoria da aprendizagem, a simulação de aulas e outras atividades, por uma forma mais efetiva de aplicação da teoria. Essa simulação, que antecedeu o estágio, existia nas escolas do Ensino Médio e universidades na disciplina Prática de Ensino.

A teoria, pois, é necessária para que o aluno saiba discernir o momento de aplicá-la e não somente para realizar provas e trabalhos. A prática, uma situação que existe de fato, aliada aos conhecimentos teóricos adquiridos, concorre para o bom êxito profissional dos egressos da universidade.

1.4.1 Especificidades do estágio nas licenciaturas

O estágio em licenciatura é muito especial e diferencia-se totalmente daquele destinado aos cursos de Bacharelado, pois se direciona para futuros educadores, que, no Ensino Básico, constituem o alicerce para a formação de profissionais de todas as categorias e, principalmente, daquelas que exigem formação acadêmica.

São executivos gestores, advogados, engenheiros, políticos, médicos, entre tantos outros, que dependem dos que se dedicam a essa importante tarefa. A base cultural do país depende da educação e da formação que todos recebem nas escolas, a começar pela alfabetização.

A formação do professor é algo muito especial. Da aplicação competente de seu conhecimento profissional vai depender o futuro de todos os que hoje, no papel de aprendizes, participarão do processo educativo. Daí decorre a necessidade de uma obra específica para o Estágio Curricular Supervisionado direcionada para a licenciatura.

1.4.2 Aprendizagem teórica no estágio: o projeto

Os capítulos 2 e 3 são dedicados, respectivamente, à elaboração e à apresentação do projeto.

Na licenciatura, o aluno, depois de permanecer tempo suficiente para conhecer o funcionamento da instituição em que estagiará, terá oportunidade de elaborar um projeto para seu trabalho, o que lhe dará segurança para observações.

Esse projeto incluirá, além de cronogramas de atividades e aulas a serem assistidas, conhecimento do plano de gestão e quaisquer ações previstas pela direção das quais possa participar: recuperação de alunos, laboratórios, campanhas ou outras que correspondam a sua área de estudos.

Utilizar a teoria aprendida, organizando projetos, deve ser a característica dessa parte do trabalho.

Todas as atividades, mesmo as mais simples do cotidiano, para que tenham sucesso, necessitam de previsão. O projeto, cientificamente elaborado e bem redigido, oferece segurança e confiança por ocasião de sua aplicação.

Comparecer a uma escola sem o compromisso de observar e aplicar o que aprendeu nos estudos torna-se sem fundamento, isto é, sem investimento na prática do que foi teoricamente estudado.

1.4.3 Resultado da aplicação do projeto: o relatório

Nunca é demais insistir, repetir e esclarecer sobre a importância deste trabalho para o estudante.

O Estágio Curricular Supervisionado não é uma disciplina a mais a ser cumprida. É incalculável o aproveitamento do aluno que se aprofunda nessa oportunidade de adquirir conhecimento prático e nas atividades concernentes a ele.

Um projeto bem-elaborado e fundamentado dará segurança para a redação final do estágio. No Capítulo 6, destinado ao término do trabalho na elaboração do relatório, os detalhes referentes a essa parte darão ao aluno o indispensável apoio para a descrição de seu percurso na instituição em que realizou o estágio.

1.5 O estágio e a formação de professores

A realidade para futuros professores está em situações vividas nas salas de aula, nas bibliotecas e nas salas de professores, no conhecimento dos planos gestores, na participação da recuperação de alunos e em projetos, entre outras atividades. As aulas nas quais participa como observador de detalhes, que escapam aos alunos que as assistem, são a base para que o estudante observe atitudes que lhe escapariam se não estivesse na situação de aluno-mestre, em realização de estágio.

A prática nessa situação, baseada na teoria, conduz a caminhos muito especiais, e é muito importante que o aluno tenha, efetivamente, essa oportunidade, para evitar que a aprendizagem resulte em profissionais inseguros. A prática, ainda, auxilia o estudante na busca do autodidatismo que o impulsionará a dar continuidade ao seu aprender.

1.6 Incentivos para a realização de um bom trabalho

A função do estágio, não só na educação superior, como no Ensino Médio é, sem dúvida, importante para o que exige hoje de seus componentes, a comunidade, a sociedade e o mundo em que vivemos. Torna-se, também, um fator de segurança e tranqüilidade para os que nele se empenham com confiança e afinco.

Por esse motivo, o incentivo aos estudantes para que realizem um trabalho em profundidade deve ser constante, a fim de que possam colher os frutos resultantes de sua atuação. O apoio dos professores, em todos passos do estágio, é de vital importância (BIANCHI et al., 2002, p. 3).

Para que, em qualquer curso, os alunos realizem um bom trabalho, a orientação e principalmente a atuação dos professores que assistem aos alunos estagiários é o esteio para bons resultados.

É preciso que os alunos demonstrem ao mercado de trabalho e à comunidade que sua universidade está formando profissionais que contam com referencial teórico-prático que os levará a exercer, com qualidade, as funções às quais se destinam (BIANCHI et al., 2003, p. 8).

Encerrar com competência essa atividade será, também, um incentivo que trará segurança para sua atuação como profissional.

1.7 Escolha da instituição

De acordo com a decisão de algumas universidades, o estágio é realizado em escolas com as quais são conveniadas.

Há universidades que incentivam professores encarregados do acompanhamento de alunos, a realizarem, com maior freqüência, a interação teoria/prática. Outras permitem que os alunos se dirijam ao local de estágio que escolherem, encaminhando-os por meio de ofícios ou convênios. É necessário que o aluno realize essa atividade em local adequado, em um horário que não comprometa suas outras obrigações fora da universidade.

O importante é que o estudante obtenha a melhor forma de aproveitamento dessa disciplina e realize um bom estágio, iniciando-o pela elaboração de um projeto que sirva de base para a concretização de um relatório das ocorrências vividas.

1.8 Bases do trabalho acadêmico

1.8.1 As regras no trabalho acadêmico

A apresentação do trabalho acadêmico tem sido, ultimamente, uma das preocupações marcantes das Instituições de Ensino Superior (IES). As regras, as mais diversificadas, têm sido seguidas pelas universidades. É muito importante que elas estabeleçam a uniformização dos trabalhos, para que os estudantes sintam segurança ao apresentá-los. A boa formatação torna-os uniformes e de leitura agradável e fácil.

1.8.2 Estágio: um dos trabalhos acadêmicos

O Estágio Curricular Supervisionado é uma disciplina que exige total envolvimento dos que dela se encarregam, especialmente nas Instituições de Ensino Superior.

No Ensino Médio, o professor tem a possibilidade de acompanhar a atuação dos alunos *in loco*. Na universidade, esse acompanhamento torna-se mais complexo, na medida em que os alunos devem buscar autonomia ao realizá-lo.

Quando os professores se encarregam de um pequeno número de alunos, o acompanhamento pode ser mais próximo. Entretanto, no estágio, é plausível que eles tenham mais independência do que nas demais disciplinas e habituem-se a observar e examinar o funcionamento das instituições.

Nas disciplinas mais teóricas, os trabalhos monográficos e as provas servem de base para a nota final. As que exigem a prática, como no estágio, a elaboração e aplicação de projeto resultam em relatório para finalizar as tarefas e daí decorre sua praticidade. Se esse trabalho, desde o início, for cientificamente preparado, segundo padrões que o uniformizam e aperfeiçoam, ele servirá de base, também, para a continuidade de estudos.

Essa especificidade torna-se marcante no ensino acadêmico e leva o aluno a compreender que:

a) Na educação superior os trabalhos seguem orientações que asseguram continuidade no ensino de pós-graduação;

b) A redação de trabalhos acadêmicos deve demonstrar conhecimento teórico a ser aplicado na prática, para que sejam relatados com competência;

c) Os projetos são a base indispensável para redação de relatórios, dissertações, monografias e teses;

d) Quanto mais segurança ao interpretar e redigir, mais o aluno se torna auto-suficiente e autodidata para completar seu aprendizado.

1.8.3 O trabalho aplicado

A dissertação, o trabalho de conclusão de curso (TCC) e o trabalho de graduação interdisciplinar (TGI) são monográficos. A bibliografia e as informações científicas existentes possibilitam ao autor atingir conclusões específicas sobre o tema escolhido e avançar no conhecimento já existente.

O Estágio Curricular Supervisionado é um trabalho acadêmico mais complexo, pois envolve a parte prática de observação e de comentários sobre o que nele for presenciado. É a união da pesquisa teórica e a pesquisa de campo, portanto, pode ser o primeiro passo para o desenvolvimento de outros estudos em que seja indispensável a utilização de projetos e, conseqüentemente, de dissertações, teses etc.

Esses trabalhos acadêmicos seguem normas para apresentação encontradas nas publicações da Associação Brasileira de Normas Técnicas (ABNT), usadas para uniformizá-los.

1.8.4 A pesquisa: parte inerente ao trabalho

O estágio em licenciatura deve incluir observação geral do ambiente de trabalho e especificamente de aulas. Não somente observação, mas participação efetiva e regência (a regência depende de solicitação da direção da escola) são importantes. Eventos, se houver, também fazem parte das atividades de estágio.

No magistério é praticamente uma condição básica de todas as unidades escolares a elaboração de projetos para atuar nas atividades de estágio, por isso o acadêmico tem de estar preparado para apresentar propostas que resolvam ou minimizem situações-problema.

A pesquisa, portanto, é um elemento que, além de enriquecer as atividades normais, complementa o estágio e a aprendizagem do estudante.

A oportunidade de "aprender fazendo", aplicando na vida real, no futuro local de trabalho, o aprendido nas aulas de Metodologia Científica não pode ser deixada de lado.

Neste livro, parte do Capítulo 4 é dedicada a orientações para que o aluno, ao organizar-se, siga as normas existentes e compreenda sua importância para a elaboração de trabalhos que correspondam ao nível de seus estudos.

Capítulo 2

Projeto aplicado no estágio

Ao chegar à escola onde estagiará, o acadêmico apresenta inúmeros questionamentos acerca do que está fazendo na instituição.

Na universidade, recebeu informações sobre as teorias pedagógicas, sobre a relação professor-aluno, técnicas, objetivos e tantas outras coisas relativas a uma instituição escolar e sobre seu papel. No entanto, ao deparar com a realidade, encontra-se sozinho. Já não se trata de abstrair teorias, mas de aplicá-las. Porém, nem sempre o acadêmico está preparado.

Escola, alunos, comunidade, ensino-aprendizagem foram-lhe transmitidos no plano ideal, porém, durante o Estágio Curricular Supervisionado, o acadêmico terá de desenvolver o que lhe foi ensinado. Dessa forma, é necessário que tenha uma diretriz, não de forma rígida mas adaptável à realidade e às necessidades que se apresentam, daí a importância do projeto aplicado.

Faz-se necessário chamar a atenção do acadêmico e dos professores de que o projeto aplicado não é meramente um instrumento *pro forma*, mas que hoje trata-se de uma exigência em toda instituição de ensino pública ou privada. Observa-se que na escola pública a elaboração de projetos é condição básica até na inscrição para lecionar.

Há bem pouco tempo, na escola tradicional, livros didáticos, currículos e programas estanques determinavam o planejamento e o desenvolvimento das aulas. Porém, as mudanças que vêm ocorrendo na educação, desde a LDBEN 9394/96, exigem, cada vez mais, projetos associados à realidade e aos objetivos traçados pelos Parâmetros Curriculares Nacionais, a fim de que se fundamente uma educação capaz de promover a igualdade e a democratização do ensino. Alguns docentes podem questionar e dizer que "isso é apenas ideal", mas são os ideais que podem mover e mudar a prática.

Diante das colocações anteriores, justifica-se neste capítulo a necessidade da elaboração do projeto a ser aplicado no Estágio Curricular Supervisionado e na prática docente, por isso apresenta-se como montá-lo.

2.1 Por que projetar?

Projetar pode ser entendido como sinônimo de planejar, que é um ato comum aos homens, desde os primórdios da civilização. Para sair de seu estado primitivo, o homem precisou pensar sobre o que queria, sobre o que precisava e o que era possível fazer.

> (...) o homem hoje e sempre fez e faz planejamento das suas ações. Sendo assim, tudo é pensado e planejado na vida humana. A indústria, o comércio, a agricultura, a política, os grupos sociais, a família e os indivíduos fazem os seus planejamentos, por escrito, mental ou oralmente, mas sempre esboçam o seu modo de agir. Podem ser planejamentos altamente técnicos e sofisticados (...) ou simples como os de uma atividade corriqueira (...). (MENEGOLLA e SANT'ANNA 2001, p. 16).

Como se pode notar, planejar é pensar sobre alguma coisa, usando a capacidade de racionalidade humana. Então, por que é acentuada a rejeição pelo ato de planejar, que permeia a prática docente? Podem-se levantar algumas hipóteses, como: currículo fechado, ensino catequético e pouca funcionalidade do planejamento, porque é dissociado da realidade escolar. Pode-se, ainda, levantar a hipótese de que muitos docentes não foram preparados para planejar, pois foram atropelados por uma educação, que, devido a fatos histórico-econômicos, perdeu sua objetividade.

Apesar dessas hipóteses, planejar é fundamental para qualquer atividade humana, e para a educação não poderia ser diferente. Daí a necessidade de elaborar um projeto sempre que se tem em mente ou como objetivo uma ação educativa eficaz. Deve-se lembrar de que, hoje, projetar não é uma opção, mas uma exigência do sistema educativo, visto que a educação deve atender às necessidades da vida em comunidade e da sociedade.

A educação é reconhecida por todos os setores sociais como a instituição que se propõe a ajudar o homem a viver de forma crítica e atuar na realidade em que está inserido, com possibilidade de ascensão social. Assim, ao elaborar projetos, tanto o acadêmico como o professor devem levar em consideração alguns pressupostos apresentados a seguir.

2.2 Pressupostos para um bom projeto

Considera-se importante reforçar a idéia de que a elaboração de um projeto é, atualmente, uma exigência básica para aqueles que querem ingressar no magistério.

Antes de qualquer projeto, é necessária uma sondagem para conhecer a comunidade onde o aluno trabalhará. Trata-se de um processo de reconhecimento dos alunos, professores, escola e comunidade externa, em seus diferentes aspectos, com o intuito de conhecer sua realidade.

Com base na sondagem, detectadas as necessidades, os desejos e as possibilidades da comunidade, pode-se iniciar o projeto.

2.2.1 Elementos constitutivos do projeto

Como já se frisou, o projeto deve ser feito para uma comunidade real, atendendo às suas necessidades. Assim, para que o projeto se torne viável, é necessário que seja bem delimitado para que traga bons resultados e estimule o grupo a outros projetos e a mudanças de comportamento.

São elementos constitutivos do projeto:

2.2.1.1 Unidade escolar

O conhecimento da Unidade Escolar na qual será aplicado o projeto é fundamental. O acadêmico pode conhecer essa realidade mediante a leitura do Plano de Gestão da escola e o contato com as pessoas que formam a comunidade escolar. Essa etapa dimensiona problemas que podem ser minimizados com ação dirigida. O conhecimento da unidade escolar abrange aspectos socioculturais, históricos e econômicos, bem como o perfil da comunidade escolar.

2.2.1.2 Público-alvo

O público-alvo deve ser claramente definido a fim de que o planejamento possa ser bem feito. Nesse ponto, o acadêmico deve ter em mente que seu projeto deve transpor os limites da sala de aula. Dessa forma, não deve ser mera repetição do que está sendo desenvolvido nesta ou naquela disciplina, mas sim um trabalho de interface que permita a complementaridade do que ocorre em sala de aula.

O público-alvo pode ser formado por alunos de determinada série, ou mesmo de um determinado ciclo, mas sua identificação é fundamental até para a escolha da metodologia de trabalho e dos recursos.

2.2.1.3 Tema[1]

O tema é o assunto a ser abordado. Deve ser claro e limitado, pois o projeto tem tempo determinado e só trará bons resultados se sua aplicação obedecer aos prazos estabelecidos. O tema é gerado a partir das observações feitas na sondagem das situações-problema detectadas.

---

[1] Além do tema, o projeto pode ter um título, que deve ser alusivo ao assunto abordado, por exemplo: Projeto Ecologia, Projeto Vida Saudável. Não é necessário ser tão atrativo, como em geral são os títulos de livros.

2.2.1.4 Objetivos

O sucesso do projeto depende de os objetivos serem bem definidos. Quando não se sabe aonde se quer chegar, nenhum caminho é o melhor, pois a escolha aleatória pode levar à perda de tempo e a erros, que obriguem a refazer o trajeto, a metodologia e os recursos a serem utilizados.

Os objetivos dividem-se em gerais e específicos. Os gerais, referem-se àqueles pretendidos por quem elaborou o projeto; os específicos, dizem respeito aos esperados do aluno, de acordo com o projeto e considerando-se a interface com todas as disciplinas.

A delimitação dos objetivos conta com um instrumento fundamental, que deve ser fonte de consulta e análise constante por aqueles que querem tornar-se educadores: Parâmetros Curriculares Nacionais. Uma leitura cuidadosa, atenta e crítica dos PCNs permite, a quem projeta, a delimitação do que pretende.

Os objetivos referem-se a ações, atitudes etc. e devem ser iniciados por verbos no infinitivo, como: respeitar, mudar, comparar, reconhecer e verificar.

2.2.1.5 Justificativa

A justificativa é o momento em que o docente apresenta argumentos convincentes da necessidade e importância do projeto.

Os argumentos devem ser elaborados de maneira clara, a fim de demonstrar ao gestor da unidade escolar ou ao coordenador pedagógico por que o projeto é bom, necessário e viável para aquela comunidade.

2.2.1.6 Fundamentação teórica

Outro ponto a ser salientado na elaboração do projeto é a necessidade da fundamentação teórica. Na prática, verificou-se que os docentes se afastam da teoria, ancorando-se nos livros didáticos, mas sem reflexão ou pesquisa, daí a necessidade de fundamentar teoricamente o que se pretende em termos de ensino-aprendizagem e de conteúdo.

Esse é um momento em que o acadêmico depara com a necessidade de pesquisar, ampliando seu próprio conhecimento. Quando o educador ou o aluno não tem boa fundamentação, o trabalho é superficial e apresenta dificuldade em resolver situações-problema que se apresentem, pois falta a base do conhecimento.

A pesquisa para fundamentar um projeto pode suprir lacunas de conhecimento na formação do aluno, que acaba por apoiar-se em livros didáticos, sem questioná-los. Salienta-se que o livro didático é um recurso, mas não pode ser um manual do educador, por isso estagiário tem de buscar respostas para as suas dúvidas e as dos alunos, o que ele encontra em numa boa fundamentação teórica.

É importante também salientar que muitos educadores não se preocupam em identificar teorias do desenvolvimento que embasem seu conhecimento. Assim, não desenvolvem um trabalho completo. Ao elaborar a fundamentação do seu trabalho é importante que o educador conheça sobre o estágio de desenvolvimento do público-alvo a fim de evitar a falta de motivação por exigências, que vão além das possibilidades do educando.

2.2.1.7 Conteúdo

Ao serem solicitados a expressar o conteúdo ensinado, muitas vezes os alunos que estão fazendo estágio fazem uma lista de itens ou citam apenas um. Mas conteúdo é o texto passado para os alunos, de forma clara e organizada, respeitando as faixas etárias e o universo dos educandos.

O texto deve ser fundamentado, por isso tem de ser escrito após a pesquisa teórica. Os Parâmetros Curriculares Nacionais não podem deixar de ser consultados, pois fornecem elementos básicos ao estagiário e ao educador sobre contexto teórico da educação.

2.2.1.8 Procedimentos metodológicos

Os procedimentos metodológicos são a maneira de aplicar o projeto. Trata-se de ações com inúmeras possibilidades. Para a aplicação do projeto podem-se utilizar: dinâmicas de grupo, jogos, competições, montagens de maquete, entrevistas etc., conforme os objetivos pretendidos.

Porém, é necessário que o estagiário compreenda que as técnicas mais tradicionais, como a aula expositiva, não são as mais adequadas para cativar o aluno.

2.2.1.9 Recursos

A idéia de recursos remete à utilização de materiais. É comum entre os educadores e os estagiários a alegação de que não podem desenvolver um trabalho por não terem recursos, no entanto eles estão em toda parte; se não fosse assim, o homem não teria desenvolvido as culturas. Há uma confusão entre as modernas tecnologias, os materiais sofisticados e os recursos, que podem ser barro, pedra, água, sucata e até mesmo a expressão corporal do aluno, como em um teatro e nos jogos. Portanto, não há desculpas de que não há recursos disponíveis, bastam criatividade e raciocínio para transpor qualquer limite nesse sentido.

Diante do exposto, lembramos que a escolha dos recursos deve estar diretamente associada ao projeto. Ao se planejar, projetar, deve-se ter em mente quais os recursos disponíveis.

Não adianta colocar como recurso o computador se a escola não dispuser desse equipamento para todos os alunos.

2.2.1.10 Cronograma

O cronograma no projeto, como em qualquer ponto do planejamento, é o tempo previsto para execução, avaliação e retorno.

Lembra-se aqui que projeto não é um planejamento de aula, mas de uma atividade paralela, com um fim determinado, complementar às atividades desenvolvidas em sala de aula.

No cronograma devem estar expressos o tempo e as atividades a serem desenvolvidas. Essa é uma forma de organização que traz benefícios para todos os envolvidos, pois tem começo (projeto), meio (aplicação do projeto) e fim, quando finalmente se podem avaliar os resultados. Sua expressão acontece no Gráfico de Gantt, exemplificado no item 3.1.1.10, Capítulo 3.

2.2.1.11 Avaliação

Ao ensinarmos o projeto, percebemos que muitos acadêmicos entendem a avaliação como prova, aplicação de questões, exposição oral, seminários etc. aos alunos. Esta visão é condicionada pela cultura escolar de medida de conhecimento. É preciso, então, repensar o conceito de avaliação.

Entende-se, nesse contexto, a avaliação como um processo de "mão dupla" em que o estagiário avalia (verifica) os resultados do projeto e identifica seus pontos positivos e negativos, tanto no que se refere a sua atuação, a dos alunos, como aos fatores intervenientes do processo de aplicação do projeto.

Com a avaliação, é possível repensar o projeto, corrigir distorções e aprimorá-lo.

Para avaliar com objetividade, o estagiário deve utilizar-se da estatística, evitando assim que crenças pessoais, estados de ânimo e preconceitos interfiram no resultado. A estatística é fundamental para um trabalho com racionalidade.

Como já se observou, o projeto a ser aplicado deve estar fundamentado na LDBEN 9394/96 e nos objetivos traçados pelos Parâmetros Curriculares Nacionais. Isso não significa que seja engessado, pois deve ser flexível para adaptar-se a qualquer realidade.

Capítulo 3

Apresentação do projeto

3.1 Modelo de projeto

O modelo apresentado a seguir pode ser aplicado a qualquer disciplina ou atividade a ser desenvolvida não só na escola como também em projetos sociais, comunidades de bairro e outras áreas de ação.

Neste livro, apresenta-se o modelo a seguir para orientar, de maneira prática, o aluno estagiário que, nessa situação, é colocado no lugar do professor.

Antes de ser aplicado, o projeto, entretanto, necessita de uma apresentação escrita, cujo modelo é sugerido aqui.

No livro *Manual de orientação: estágio supervisionado*, de Bianchi et al. (2003), foram abordados os esclarecimentos teóricos importantes para a aprendizagem, quando da elaboração de projetos, em qualquer curso, desde que o autor os direcione corretamente ao trabalho a ser realizado.

É importante, ainda, lembrar que a educação só se faz mediante uma visão transdisciplinar, por isso o trabalho em grupo é fundamental e transpõe a visão da comunidade escolar.

3.1.1 Elementos constitutivos de um projeto da área educacional

3.1.1.1 Unidade escolar

Escola de Ensino Fundamental Dom Quixote.

3.1.1.2 Público-alvo

Alunos de 5ª série do Ensino Fundamental.

3.1.1.3 Tema

A poluição do ar na comunidade.

3.1.1.4 Objetivos

Gerais

Demonstrar a importância do ar para a vida no planeta.

Mostrar como o ser humano polui o ar.

Estimular o comportamento cidadão.

Específicos

O aluno deverá ser capaz de:

Compreender a importância do ar para a vida.

Identificar formas de poluição do ar.

Conhecer formas de combate à poluição do ar.

Listar empresas que poluem o ar.

3.1.1.5 Justificativa

O capitalismo desenfreado, cuja meta é o lucro, agravou um problema que, paulatinamente, instalou-se com a formação das civilizações, e nunca foi tão acelerado quanto após a Revolução Industrial.

Entre as várias conseqüências desse fato histórico, desde seu início a poluição do ar esteve presente, tanto nas queimadas de matas para plantio ou criação de gado intensiva, quanto pelos agentes poluidores que as indústrias lançam continuamente no ar.

Legislação, punição, multas, nada tem adiantado para conter o avanço da poluição, que age como um dragão criado dentro das indústrias e que avança sem ter o que o detenha.

Assim, resta aos educadores trabalhar para despertar a consciência dos educandos, a fim de vislumbrarem um futuro melhor para a humanidade, com qualidade de vida. A poluição do ar é responsável por inúmeras doenças que, além de causarem sofrimento ao cidadão, geram um ônus muito alto para a sociedade. Nesse contexto, justifica-se a relevância do desenvolvimento desse projeto.

3.1.1.6 Fundamentação teórica

3.1.1.6.1 Do desenvolvimento escolar

De acordo com as teorias cognitivistas, a aprendizagem "(...) é um processo de relação do sujeito com o mundo externo e que tem conseqüências no plano da organização interna do conhecimento (organização cognitiva)" (Ausubel apud Bock et al., 2001, p. 115). Essa concepção de Ausubel, que escreveu sobre a aprendizagem significativa, é de que a aprendizagem só ocorre de fato quando o sujeito apreende o objeto de estudo e estabelece uma relação significativa com o mundo por ele vivido. Dessa forma, as informações só se transformam em conhecimento quando estão diretamente relacionadas às experiências cotidianas dos indivíduos.

Assim, o educador[1] deve ter conhecimento do meio em que atuará para estabelecer relações significativas com o universo do aluno. Adotando esse enfoque como linha teórica, o educador pode construir junto com o aluno o

---

[1] O estagiário deve justificar seu projeto antecipando a função de educador que exercerá.

conteúdo que deseja transmitir. Para tanto, tem de estar amparado nos conhecimentos teórico-científicos. No caso desse projeto, deve ter informações sobre a poluição do ar.

3.1.1.6.2 A agressão ao ar

O homem, assim como muitos seres, precisa do ar para viver. Todos precisam de oxigênio. No entanto, segundo Andrade et al. (1995, p. 26), veículos, fábricas e queimadas têm poluído o ar com mais de 5,5 bilhões de toneladas de dióxido de carbono e uma quantidade imensurável de outros poluentes. Em muitas regiões da Terra, a qualidade do ar já é praticamente imprópria, proliferam as doenças associadas à poluição.

De acordo com os autores:

> Poluente é uma carga indesejável na busca de ar puro; é a conseqüência de atitudes incorretas e irresponsáveis do homem sobre a Terra. A irresponsabilidade, a ignorância e outros fatores, aos poucos, vão contribuindo para tornar a respiração, e outros fenômenos importantes para os seres vivos, cada vez mais difíceis.

As queimadas podem reduzir uma floresta a cinzas em poucas horas, mas essa floresta levou centenas ou milhares de anos para formar-se, assim sua recuperação não é tão fácil, sem considerar que provocam o empobrecimento do solo.

Nesse processo não são só as árvores que entrarão em desequilíbrio, mas todo um ecossistema que com certeza nunca será recuperado.

De acordo com o Instituto Nacional de Pesquisas Espaciais (INPE, 2004), que monitora a destruição causada pelas queimadas, a destruição das florestas da Amazônia Legal consumidas pelo fogo deixou como conseqüências a erosão, o assoreamento dos rios e as enchentes, além da liberação de gás carbônico para a atmosfera, causando um imenso prejuízo.

Mattos et al. (1996) argumentam que, embora a queimada seja uma prática popular usada por lavradores e pecuaristas, herdada dos índios quando praticavam a coivara, constitui uma agressão contra a natureza e as conseqüências logo se fazem sentir, como o empobrecimento do solo, transformando este em terreno impróprio para a agricultura ou pastoreio.

Ao mesmo tempo, as queimadas lançam no ar poluentes que não se degradam e, junto com outros componentes gerados pelo homem, destroem a camada de ozônio e provocam outros malefícios que trazem conseqüências funestas para todas as formas de vida do planeta.

Dessa forma, são necessárias ações urgentes e cotidianas para evitar esse mal, para que o homem possa viver com qualidade, pois a sua vida está em interdependência com todas as demais.

3.1.1.6.3 O combate à poluição do ar

Um dos grandes problemas no combate à poluição do ar é a falta de informação e de assistência aos lavradores e pecuaristas, afirmam Mattos et al. (1996). No entanto, há outros problemas mais graves como o das queimadas com fins especulativos, utilizadas por grandes empreendimentos para aumentar o valor da terra ou estabelecer propriedade, uma vez que no Brasil ainda há muita terra sem regulamentação. Além das queimadas, muitas indústrias costumam burlar a fiscalização, liberando os poluentes durante a noite, e se livram das multas. O fato é que o homem está destruindo sua própria casa rapidamente, e é necessário criar estratégias para conter desastres cada vez maiores. Nesse sentido, os projetos educacionais que levem à conscientização do indivíduo podem levar a ações de respeito ao meio ambiente.

Para sobreviver, o homem tem de modificar rapidamente sua conduta em relação ao meio ambiente, pois, do contrário, estará determinando sua própria sentença de morte.

Mattos et al. (1996) defendem que conhecendo os elementos poluidores e a maneira como se relacionam com a vida do homem no planeta podem ser tomadas muitas medidas de prevenção ou mudança de atitude, vislumbrando assim um mundo mais saudável para a humanidade.

No Brasil, já há muitas leis de defesa do meio ambiente, mas elas se tornam ineficazes em vista da corrupção e do descaso da população. Assim, é preciso educar a população para que ela defenda o meio ambiente e não o destrua, exercendo seus direitos de cidadão.

É preciso ter em mente que a educação para a cidadania começa nos mais tenros anos de vida da criança. Se a educação for desenvolvida de maneira a adequar conhecimentos ao cotidiano, ou seja, de maneira significativa, possivelmente o desenvolvimento da consciência acontecerá de forma natural. Assim, cabe à escola, como mediadora do conhecimento, transmiti-lo de forma a gerar cidadãos conscientes.

3.1.1.7 Conteúdo

Com o desenvolvimento da ciência e da tecnologia, muitas informações chegam rapidamente ao conhecimento de todos, mostrando a relação entre os seres.

Ao mesmo tempo, essas informações mostram um quadro triste de destruição de florestas e de uso de poluentes do ar, sem que nada se faça para conter essas ações criminosas. A qualidade de vida é afetada por esses atos irresponsáveis, que ocorrem em todas as partes do planeta.

Ainda que se saiba que o buraco da camada de ozônio está aumentando, em decorrência da poluição do ar, e que as doenças respiratórias e dermatológicas afligem boa parte da população, poucas providências têm sido tomadas.

É preciso que cada indivíduo perceba seu papel na manutenção do meio ambiente e no combate à poluição do ar. Primeiro é preciso conhecer para depois saber o que fazer. A participação de todos é muito importante nesse processo.

Algumas ações que podem ser adotadas para evitar a poluição do ar são: não usar produtos tóxicos, não fazer queimadas, o que já é um grande passo para a manutenção do ar em condições adequadas para todas as formas de vida. Hoje, as denúncias de descumprimento das leis têm ganhado destaque, evitando desastres maiores, mas ainda se está muito longe do ideal. Os filhos podem informar os pais e ajudá-los em uma jornada de combate à poluição do ar.

A população pode contribuir pela não poluição e pela denúncia daquele que o faz. Dessa forma, estará preparando seu futuro.

A responsabilidade pela preservação do meio ambiente é de todos. Por meio de discussões, debates e reflexões é possível a mudança, mas ela deve ser feita a partir desse momento.

3.1.1.8 Procedimentos metodológicos

Para o desenvolvimento do projeto serão utilizados como procedimentos metodológicos:

- leitura: de jornais, para identificação das áreas mais poluídas da cidade;
- debate: após a leitura;
- passeio coletivo: para entrar em contato com regiões onde o ar é menos ou mais poluído.
- expressão artística: cartazes, teatro, poesia ou prosa sobre o resultado do passeio, com ênfase na poluição do ar.

3.1.1.9 Recursos

Mapas, jornais, cartolina, roupas, lápis, caneta hidrográfica e pincel atômico.

3.1.1.10 Cronograma (Gráfico de Gantt)

Período Atividade	Ago. 2004 1 2 3 4	Set. 2004 1 2 3 4	Out. 2004 1 2 3 4
Leitura de jornal, para identificação das áreas mais poluídas da cidade.	X		
Debate – após a coleta dos dados.	X		
Passeio coletivo para entrar em contato com regiões onde o ar é menos ou mais poluído.	X		
Expressão livre – por meio de cartazes, teatro, poesia ou prosa da impressão do passeio, com ênfase na poluição do ar.	X	X X X X	X X
Avaliação do projeto.			X X

3.1.1.11 Avaliação

A avaliação do projeto deve ser considerada uma verificação dos resultados. Nesse momento do trabalho, o uso da estatística é imprescindível, pois essa ciência permite visualizar a eficácia do projeto e identifica as possíveis distorções do projeto.

Neste livro há um capítulo específico sobre estatística, que pode ser aplicada a todo fenômeno da educação, de modo que o leitor possa aplicá-la.

Nessa proposta de projeto, a avaliação quantitativa será aplicada para verificar a participação dos alunos e a consecução de metas e dados referentes aos fenômenos observados junto com os alunos.

Também será utilizada a avaliação qualitativa, considerando-se a freqüência, o desempenho e o interesse nas tarefas.

3.2 Aplicação do projeto

Para a aplicação do projeto, o primeiro passo é apresentá-lo ao gestor da unidade escolar, ou seu representante, a fim de conseguir o necessário aval. Obtido o aval, a escolha do horário pode ser determinada pelo gestor, ou quando é permitido, pelo aluno que vai aplicá-lo.

3.3 O local

Com a autorização para aplicação do projeto, é necessário verificar o local onde acontecerão os encontros com os alunos. Em geral, é a direção da escola que determina uma sala. Algumas escolas já dispõem de sala-ambiente, um motivador para o desenvolvimento do projeto.

3.4 Apresentação do projeto ao público-alvo

Após determinado o local onde será desenvolvido o projeto, o estagiário deverá entrar em contato com os alunos, quando explicará do que se trata e como será desenvolvido.

O estagiário deverá estimular os alunos a darem sua opinião e comentarem o que sabem sobre o assunto. Deve, também, estimular o comprometimento daqueles que irão participar.

Se a direção da escola determinou uma classe, então não haverá inscrições. Se a atividade acontecer paralelamente às aulas, a inscrição será necessária.

É pertinente, ainda, que os pais sejam comunicados sobre o projeto: finalidade, horário em que os alunos estarão na escola e qualquer outra informação, pois em séries como a escolhida para o modelo, 5ª série, a maioria dos alunos é menor e autorização para a participação é fundamental, pois evita problemas futuros. Os pais podem ser convidados a participar de algum dos encontros.

3.5 Horário

O horário deve ser definido considerando-se o local, as atividades e a idade dos alunos.

O educador-estagiário não deve, sob hipótese nenhuma, atrasar-se ou faltar, o que compromete todo o trabalho. Dessa forma, estará também sendo exemplo aos alunos.

Se o projeto desenvolver-se durante o período de aulas, é imprescindível o envolvimento dos outros professores, para que acompanhem as atividades e delas participem.

3.6 Atividades

Desde o primeiro contato com os alunos, o roteiro das atividades deve ser bem definido e, de maneira alguma, ser alterado. Essa forma de agir faz parte da responsabilidade e da disciplina. No caso de passeios e visitas externas, é necessária a autorização dos pais, por escrito.

Os educandos não podem ser passivos, pois não são meros receptores de informações. A troca de conhecimentos, as sugestões, a responsabilidade nas atividades são fundamentais para que os objetivos sejam atingidos. As atividades devem ser organizadas, de maneira a permitir a participação de todos.

3.7 Acompanhamento

Após cada atividade, o estagiário deverá fazer um relatório, para que ao final do desenvolvimento do projeto possa apresentar os resultados e identificar pontos positivos e negativos, bem como as situações-problema surgidas e como foram resolvidas.

Para evitar o esquecimento de pontos importantes, o estagiário precisa manter um portfólio, no qual poderá organizar todo o processo e um diário de campo para registro das ocorrências.

3.8 Relatório

Como qualquer atividade, o projeto aplicado na educação só tem sentido se tiver começo, meio e fim.

Terminado o que foi proposto, após a avaliação, o estagiário deverá fazer um relatório[2] minucioso, a fim de dar continuidade a seu trabalho ou colaborar para que outros venham a desenvolver projetos, saber aplicá-los e relatar, posteriormente, os resultados. A troca de informações e o trabalho em parceria só têm a acrescentar conhecimentos para todos.

3.9 Sugestões de temas

O modelo de projeto aqui apresentado refere-se à licenciatura em Ciências Biológicas e é voltado para o Ensino Básico (alunos de 5ª série). O tema esco-

---

[2] Todos os itens sobre a apresentação do relatório estão no Capítulo 6.

3 • Apresentação do projeto

lhido – Poluição do ar na comunidade – pode, entretanto, ser aplicado em qualquer etapa de ensino. A escolha do tema depende de definição do estagiário, com base na observação que ocorre no início do estágio.

Há temas interessantes em todas as áreas, que envolvem os alunos e resultam em sua participação efetiva nos projetos aplicados pelos estagiários, desde que os temas se direcionem às disciplinas em que o futuro professor poderá atuar.

Apenas como sugestão, apresentamos neste item exemplos de temas adequados a algumas disciplinas dos diversos cursos. No entanto, os estagiários deverão idealizar temas interessantes e envolventes, de acordo com sua criatividade e a realidade em que trabalharão.

- Geografia
  O homem e sua adaptação ao meio geográfico da comunidade onde vive
  A superação de barreiras pelo homem, com o desenvolvimento dos meios de transportes
  A globalização e a transnacionalidade
  Terra, ar e água: o trinômio necessário para a sobrevivência dos seres vivos

- História
  Os heróis do cotidiano
  A valorização dos símbolos nacionais como forma de resgate da História
  A história viva nos museus
  A globalização e a descaracterização das culturas regionais

- Letras
  A expressão social na literatura
  As formas de comunicação rompendo barreiras culturais regionais
  A gíria como forma de expressão dos jovens

A manifestação da desigualdade social no romance *O cortiço*
Expressão do conceito de bom senso na literatura em *A luneta mágica*

- Matemática
A Geometria no espaço do aluno
Administrando o dinheiro no supermercado
A Matemática na vida cotidiana (situações-problema)
A história da Matemática como expressão das relações sociais

- Pedagogia[3]
O valor da educação na construção da cidadania
A alfabetização para a inserção na sociedade
O mundo letrado como expressão do mundo sonhado

- Psicologia
A afetividade na educação
O desenvolvimento psicológico na criança
O lúdico na aprendizagem
Concepção de normalidade no romance *O alienista*

---

[3] Na Pedagogia, grande variedade de temas pode ser desenvolvida por ser a ciência da educação.

Capítulo 4

Estatística descritiva

4.1 Introdução

O acadêmico no início do estágio ainda não tem as informações necessárias para elaborar seu trabalho. Na Estatística Descritiva, o estagiário vai encontrar informações para obtenção, organização, apresentação, análise e ilustração dos dados.

No curso de Licenciatura – formação de professores – a convivência do estagiário é com a instituição de ensino e os alunos e, conseqüentemente, com diferentes formas de avaliação. Assim, na elaboração deste trabalho enfocamos as principais medidas de posição, dispersão e separatrizes.

De início, o aluno deve identificar a instituição onde estagiará: nome, rua, bairro, cidade; se o curso é de Ensino Fundamental ou Médio; o período de funcionamento; o número de professores e funcionários; enfim, uma descrição completa da escola, até mesmo se há quadra de esportes ou lanchonetes.

Deve acompanhar o desempenho dos alunos, a forma de avaliação adotada pelos professores e os critérios de avaliação praticados e desenvolvidos na escola, bem como o ambiente de trabalho.

O estagiário pode surpreender-se com a criatividade dos diretores e professores em oferecer formas inusitadas de recuperação de seus alunos, atividades de esportes e convívio com a comunidade local. Poderá documentar os dados com croquis e fotografias.

Após esse reconhecimento de campo, o estagiário estará em condições de definir seu projeto de trabalho acadêmico, marco inicial de sua participação no processo educativo.

O estagiário deve ser criativo e poderá desenvolver estudos e fazer aplicações sobre avaliação, utilizando recursos de estatística, que permitirão comparar critérios de recuperação e aprovação de alunos. Poderá, também, com o auxílio de gráficos, ilustrar o desempenho de alunos de classes diferentes e calcular taxas de aproveitamento, de evasão, de escolaridade e outras. Para iniciar um levantamento de dados, é necessário definir o universo de trabalho para selecionar as amostras. População ou universo é o conjunto de todos os elementos que apresentam, pelo menos, uma característica comum. Amostra é uma parte representativa da população que se estuda. O número de alunos matriculados em uma instituição constitui uma população. Um grupo de alunos de diferentes classes dessa organização educacional é uma amostra. O levantamento estatístico tem por objetivo determinar uma ou mais características da população.

Os dados obtidos são dispostos em uma tabela e designados dados primitivos ou brutos. Esses dados ordenados recebem o nome de rol. A partir do rol, divide-se o conjunto de números em classes e obtém-se a tabela de distribuição de freqüências.

Na maioria dos cursos universitários, faz parte da grade curricular a disciplina Estatística, em que o estudante tem vivência com cálculos e uso de calculadoras. Assim, serão apresentados exercícios e fórmulas, e seu cálculo obtido diretamente ou por meio dos programas disponíveis nas calculadoras simples.

Para tornar o envolvimento com o processo mais interessante, são apresentados exemplos que servirão de modelo para sua aplicação.

4.2 Medidas de posição

As Tabelas 1 e 2 mostram as notas obtidas em Matemática pelas Turmas A e B, orientadas pelo mesmo professor de uma instituição de Ensino Médio. A análise do desempenho das duas turmas será feita por uma seqüência de cálculos, com as principais medidas de tendência central, de posição e de variabilidade utilizadas em Estatística.

A Tabela primitiva (dados não organizados)

Tabela 1 – Turma A

1	9	2	7	2	6	3	8	4	8	6	4	5	7	5
6	3	6	5	6	4	2	5	7	3	4	8	9	1	10

Tabela 2 – Turma B

10	5	7	2	8	3	9	5	4	7	6	5	5	10
5	2	6	5	2	4	7	3	8	3	9	2	4	-

B Organizar os dados das tabelas primitivas 1 e 2 de modo crescente (rol):

Tabela 1.1 – Turma A

1	1	2	2	2	3	3	3	4	4	4	4	5	5	5
5	6	6	6	6	6	7	7	7	8	8	8	9	9	10

Tabela 2.1 – Turma B

2	2	2	2	3	3	3	4	4	4	5	5	5	5
5	5	6	6	7	7	7	8	8	9	9	10	10	-

4.2.1 Moda (m_o)

Definição: A moda de um conjunto de números é o valor que ocorre o maior número de vezes.

Observando-se as tabelas, conclui-se que na primeira a nota 6 é a mais freqüente e, na segunda, a nota 5.

Turma A: $m_o = 6$ (unimodal) e Turma B: $m_o = 5$ (unimodal)

Uma distribuição de valores pode apresentar uma, duas ou mais modas, sendo classificada como unimodal, bimodal ou multimodal, respectivamente.

4.2.2 Mediana (m_d)

Definição: A mediana de um conjunto de números ordenados é o valor central desse conjunto. Se o número de elementos **n** for ímpar, é o valor central; se for par, é a média aritmética dos valores centrais.

Na Tabela 1.1, n = 30 (par), a mediana é a média aritmética dos, termos $\frac{n}{2} = 15^\circ$ e $\frac{n+2}{2} = 16^\circ$, isto é, $\frac{5+5}{2} = 5$.

Na Tabela 2.1, n = 27 (ímpar), a mediana é o $\frac{n+1}{2} = \frac{27+1}{2} = 14^\circ$ termo, igual a 5.

4.2.3 Média aritmética ($\bar{x}$)

Definição: A média aritmética de um conjunto de **n** números é igual à soma desses números dividida por n.

Em símbolos: $\bar{x} = \frac{x_1 + x_2 + x_3 + ... + x_n}{n}$ ou $\bar{x} = \frac{\sum_{j=1}^{n} x_j}{n}$

em que x_j = números dados; n = total de números

Turma A, Tabela 1.1: $\bar{x} = \frac{\text{soma das notas}}{n} = \frac{156}{30} = 5,2$

Turma B, Tabela 1.2: $\bar{x} = \frac{\text{soma das notas}}{n} = \frac{146}{27} = 5,4$

Resumo dos resultados: Matemática

Tabela 3

Medidas	Turma A	Turma B
Moda	6	4
Mediana	5	5
Média aritmética	5,2	5,4

Das três medidas, a mais utilizada é a Média Aritmética, que mostra um desempenho ligeiramente melhor da Turma B, em Matemática.

Quanto à Moda, mostra a maior ocorrência da nota 6, entre as demais na Turma A e 4, entre as demais notas da Turma B.

A Mediana 5, para as turmas A e B, não tem maior destaque, uma vez que não há incidência de notas discrepantes, cuja ordem de grandeza seja muito maior ou menor do que as notas da tabela.

4.2.4 Média aritmética combinada ($\bar{x}_c$)

No caso de existirem turmas com o mesmo número ou números diferentes de alunos, com médias distintas, utiliza-se a média aritmética combinada para diagnosticar qual delas obteve melhor aproveitamento.

Definição: Somam-se os produtos das médias aritméticas de cada turma pelo número correspondente de alunos e divide-se pelo número total de alunos.

Exemplo 1: Considerem-se as médias obtidas por quatro turmas de Matemática de uma instituição de Ensino Médio:

Tabela 4

Turma	Número de alunos	Média ($\bar{x}$)
A	35	5,5
B	30	6,1
C	32	5,8
D	28	6,3
Total	125	-

Análise do aproveitamento.

Cálculo da média aritmética combinada.

$$\bar{x}_c = \frac{5,5 \times 35 + 6,1 \times 30 + 5,8 \times 32 + 6,3 \times 28}{35 + 30 + 32 + 28} = \frac{737,5}{125} = 5,9$$

Obtida a média combinada 5,9, compara-se com a média de cada turma e observa-se que o melhor desempenho foi da turma D, enquanto a Turma A obteve a posição menos elevada.

Exemplo 2: Considerem-se as médias obtidas por quatro turmas de Matemática de uma instituição de Ensino Médio, todas com 27 alunos:

Tabela 5

Turma	Número de alunos	Média ($\bar{x}$)
A	27	6,3
B	27	5,8
C	27	6,2
D	27	6,1

Análise do aproveitamento.

Cálculo da média aritmética combinada:

$$\bar{x}_c = \frac{6,3 \times 27 + 5,8 \times 27 + 6,2 \times 27 + 6,1 \times 27}{27 + 27 + 27 + 27} =$$

$$= \frac{(6,3 + 5,8 + 6,2 + 6,1) \times 27}{4 \times 27} = \frac{24,4}{4} = 6,1$$

Observa-se que todas as classes tiveram um bom desempenho, exceto a Turma B, que ficou abaixo da média geral.

4.2.5 Média aritmética ponderada ($\bar{x}_p$)

Em concursos ou classificações de candidatos, é muito comum serem atribuídos pesos diferentes para provas e títulos. Nesse caso, pode-se utilizar a média aritmética ponderada, dependendo do objetivo da seleção desejada.

Exemplo: Em um concurso, para a função de secretário em uma escola de nível médio, foram atribuídos os seguintes pesos para os exames das matérias a que os candidatos seriam submetidos: Português (peso 3), Matemática (peso 1), Estatística (peso 1) e Informática (peso 2). Número de inscritos: 75.

Critérios para seleção:
- número de pontos obtidos igual ou superior à média aritmética ponderada das médias de cada matéria;
- por entrevista e títulos.

Resultado:

Tabela 6

Disciplina	Média x_i	Peso p_i	$x_i p_i$
Português	55 (x_1)	3 (p_1)	55x3
Matemática	60 (x_2)	1 (p_2)	60x1
Estatística	68 (x_3)	1 (p_3)	68x1
Informática	52 (x_4)	2 (p_4)	52x2
Total		8	347

$$\bar{x}_p = \frac{x_1 p_1 + x_2 p_2 + x_3 p_3 + x_4 p_4}{p_1 + p_2 + p_3 + p_4} = \frac{347}{8} = 43,4 \text{ pontos}$$

Significa que o número mínimo de pontos obtidos para a classificação na primeira etapa será de 43,4.

4.3 Medida de dispersão

4.3.1 Desvio-padrão (s)

Definição: O desvio-padrão (ou Standard) de um conjunto de números é definido por:

$$s = \sqrt{\frac{(x_1 - \bar{x})^2 + (x_2 - \bar{x})^2 + (x_3 - \bar{x})^2 + \ldots + (x_n - \bar{x})^2}{n}} \quad \text{ou}$$

$$s = \sqrt{\frac{\sum_{j=1}^{n} x_j^2}{n} - (\bar{x})^2} \quad \text{em que}$$

x_j = números dados; $\bar{x}$ = média aritmética

O desvio-padrão mede a maior ou menor dispersão das notas em torno da média aritmética.

Cálculo do desvio-padrão:

TURMA A – Tabela 1.1 – média aritmética: $\bar{x} = 5,2$

$$s_A = \sqrt{\frac{986}{30} - 5,2^2} = 2,4$$

Resumo dos cálculos:

Tabela 7

Notas x_i	Ocorrência f_i	$f_i x_i^2$
1	1 e 1	2×1^2
2	2, 2 e 2	3×2^2
3	3, 3 e 3	3×3^2
4	4, 4, 4 e 4	4×4^2
5	5, 5, 5 e 5	4×5^2
6	6, 6, 6, 6, e 6	5×6^2
7	7, 7 e 7	3×7^2
8	8, 8 e 8	3×8^2
9	9 e 9	2×9^2
10	10	1×10^2
Total		986

Média aritmética = 5,2 → $5,2^2$ = 27,04

TURMA B – Tabela 2.1 – média aritmética: $\bar{x} = 5,4$

$$s_A = \sqrt{\frac{950}{27} - 5,4^2} = 2,5$$

Resumo dos cálculos:

Tabela 8

Notas x_i	Ocorrência f_i	$f_i x_i^2$
2	2, 2,2 e 2	4×2^2
3	3, 3 e 3	3×3^2
4	4, 4 e 4	3×4^2
5	5, 5, 5, 5, 5 e 5	6×5^2
6	6 e 6	2×6^2
7	7, 7 e 7	3×7^2
8	8 e 8	2×8^2
9	9 e 9	2×9^2
10	10 e 10	2×10^2
Total		950

Média aritmética = 5,4 → $5,4^2$ = 29,16

Conclusão:

O caso em estudo mostra que a Turma B é mais "homogênea" do que a Turma A, isto é, existe maior dispersão das notas da Turma A no que se refere à sua média aritmética.

4.4 Distribuição de freqüências

Exemplo: A tabela de distribuição de freqüências foi obtida a partir das notas de uma turma de Pedagogia, com 20 alunos, na disciplina Estatística.

Tabela 9 – Dados brutos

6	4	1	7	9	4	5	4	7	6
3	5	8	7	6	5	7	6	2	5

Tabela 10 – Rol

1	2	3	4	4	4	5	5	5	5
6	6	6	6	7	7	7	7	8	9

Tabela 11 – Distribuição de freqüências

Notas	Freqüências absolutas (f_i)	Pontos médios x_i
0 a 2	1	1
2 a 4	2	3
4 a 6	7	5
6 a 8	8	7
8 a 10	2	9
n	20	-

Nessa tabela de distribuição de freqüências, tem-se:

- cinco classes (k = 5), com amplitude de classe c = 2; os intervalos de classe são fechados à esquerda e abertos à direita, exceto o da última classe. Significa que o limite inferior pertence ao intervalo e o limite superior, não. Por exemplo, o 2º intervalo (2 a 4) contém as notas 2 e 3, tendo em correspondência a freqüência absoluta 2.
- as freqüências absolutas correspondem ao número de notas contidas em cada intervalo;
- a freqüência total (n) é igual à soma das freqüências absolutas de cada classe;
- ponto médio = $\dfrac{\text{(limite inferior + limite superior) da classe}}{2}$

- ponto médio da 1ª classe: $\dfrac{0+2}{2} = 1$; 2ª classe: $\dfrac{2+4}{2} = 3$ e assim por diante.

4.4.1 Média aritmética ($\bar{x}$)

Para dados agrupados em classes, a média aritmética é igual ao produto dos pontos médios de classe pelas respectivas freqüências absolutas, dividido pela freqüência total (n).

$$\bar{x} = \frac{x_1 f_1 + x_2 f_2 + x_3 f_3 + \ldots + x_k f_k}{n} \quad \text{ou} \quad \bar{x} = \frac{\sum_{j=1}^{k} x_j f_j}{n} \quad \text{em que}$$

x_j = pontos médios de classe

f_j = freqüências absolutas de classe

n = freqüência total

Para o exemplo propostro, tem-se

$$\bar{x} = \frac{1 \times 1 + 2 \times 3 + 7 \times 5 + 8 \times 7 + 2 \times 9}{20} = \frac{116}{20} = 5{,}8$$

4.4.2 Desvio-padrão (s)

O desvio-padrão para dados agrupados é obtido por:

$$s = \sqrt{\frac{(x_1 - \bar{x})^2 f_1 + (x_2 - \bar{x})^2 f_2 + (x_3 - \bar{x})^2 f_3 + \ldots (x_k - \bar{x})^2 f_k}{n}}$$

ou

$$s = \sqrt{\frac{\sum_{j=1}^{k} x_j^2 f_j}{n} - (\bar{x})^2} \quad \text{em que}$$

x_j = pontos médios de classe

f_j = freqüências absolutas de classe

n = freqüência total

$\bar{x}$ = média aritmética

Utilizando a primeira fórmula:

$$s = \sqrt{\frac{(1-5,8)^2\,1 + (3-5,8)^2\,2 + (5-5,8)^2\,7 + (7-5,8)^2\,8 + (9-5,8)^2\,2}{20}}$$

$$s = \sqrt{\frac{75,20}{20}} = 1,9$$

4.4.3 Aplicação

Exemplo 1: Os resultados da primeira prova de Português de quatro turmas do Ensino Médio de uma instituição foram:

Tabela 12

Turma	Média aritmética	Desvio-padrão
A	5	1,5
B	8	2,5
C	7	1,7
D	6	2,3

Observa-se que a Turma B obteve a melhor média (8), no entanto, foi a que apresentou maior dispersão (2,5); a Turma A, que obteve a menor média (5), apresentou a menor dispersão (1,5).

Nesse caso, para diagnosticar qual das turmas obteve o melhor desempenho, é necessário calcular o Coeficiente de variação de Pearson, dado por:

$$CV = \frac{s}{\bar{x}} \quad \text{ou} \quad CV = \frac{s}{\bar{x}} \times 100 \text{ dado em porcentagem}$$

no qual s = desvio-padrão e $\bar{x}$ = média aritmética

Turma A: $CV = \dfrac{1,5}{5} = 0,30$; Turma B: $CV = \dfrac{2,5}{8} = 0,31$

Turma C: $CV = \dfrac{1,7}{7} = 0,24$; Turma D: $CV = \dfrac{2,3}{6} = 0,38$

Conclusão: O menor coeficiente de variação é o da Turma C, significando que teve o melhor desempenho em comparação com as outras turmas, ou seja, é a menos heterogênea.

Exemplo 2: O resultado das provas de Matemática e Estatística de uma turma da 3ª série do Ensino Médio foi:

Tabela 13

Disciplina	Média aritmética	Desvio-padrão
Matemática	6,5	2,3
Estatística	7,8	2,9

Análise da homogeneidade;

Cálculo do coeficiente de variação de Pearson: $CV = \dfrac{s}{\overline{x}}$

Matemática: $CV = \dfrac{2,3}{6,5} = 0,3538$ ou $35,38\%$

Estatística: $CV = \dfrac{2,9}{7,8} = 0,3718$ ou $37,18\%$

Conclui-se que, em Matemática, os alunos com média menor apresentaram mais homogeneidade do que em Estatística, com média maior.

Essas considerações também se estendem para outros grupos, da mesma instituição ou de instituições diferentes, quando se aplicam provas integradas ou testes.

Um dos objetivos deste trabalho é indicar instrumentos de medida do desempenho e aproveitamento dos alunos, permitindo um diagnóstico da maior ou menor heterogeneidade dos grupos, estabelecendo os perfis das turmas, necessários para orientação, e a dinâmica de trabalho a ser desenvolvida com cada uma delas.

Complemento: Uso de calculadora (sugestão: Casio fx-350 TL, Casio fx-83 WA ou Casio fx-82MS que apresentam as mesmas funções).

As calculadoras mencionadas permitem o cálculo da média aritmética e do desvio-padrão de dados não-agrupados e dados agrupados em classes.

Procedimento: dados não-agrupados

1) Para que não haja influência nos cálculos, é necessário limpar a memória (M+) da calculadora: Shift AC/on =

2) Acessar as teclas mode e SD (Desvio Standard) e, em seguida, Shift AC/on =

3) Colocar na memória os números dos conjuntos dados: nº M+ tantas vezes quantos forem os números dados

4) Para obter a média aritmética, acessar Shift $\bar{x}$ = (na tecla 1)

5) Para obter o desvio-padrão, acessar Shift $x\sigma_n$ = (na tecla 2) e Shift $x\sigma_{n-1}$ = (na tecla 3) para o desvio-padrão corrigido

Exemplo 1: Calcular a média aritmética, o desvio-padrão e o desvio-padrão corrigido dos dados da Tabela 1 – Turma A.

Tabela 1 – Turma A

6	4	9	5	8	10	3	6	2	5	9	6	4	7	1
8	3	7	1	6	2	4	5	7	1	4	8	6	2	5

1) Limpar a memória (M+) da calculadora: Shift AC/on =

2) Acessar as teclas mode e SD (Desvio Standard) e, em, seguida shift AC/on =

3) Colocar na memória os números da Tabela 1 – Turma A: 6 M+, 4 M+ e assim consecutivamente

4) Para obter a média aritmética acessar Shift $\bar{x}$ = (na tecla 1) obtendo 5,13

5) Para obter o desvio-padrão, acessar Shift $x\sigma_n$ = (na tecla 2) obtendo 2,50; e Shift $x\sigma_{n-1}$ = (na tecla 3) obtendo 2,54 para o desvio-padrão corrigido

Procedimento: dados agrupados

1) Para que não haja influência nos cálculos, é necessário limpar a memória (M+) da calculadora: Shift AC/on =

2) Acessar as teclas mode e SD (Desvio Standard) e, em, seguida Shift AC/on =

3) Colocar na memória os números dos conjuntos dados: ponto médio de cada classe seguido de shift ponto-e-vírgula (shift ;) e da freqüência absoluta f_j M+ tantas vezes quantas forem as classes

4) Para obter a média aritmética, acessar Shift $\bar{x}$ = (na tecla 1)

5) Para obter o desvio-padrão, acessar Shift $x\sigma_n$ = (na tecla 2) e Shift $x\sigma_{n-1}$ = (na tecla 3) para o desvio-padrão corrigido

Exemplo 2: Calcular a média aritmética, o desvio-padrão e o desvio-padrão corrigido dos dados da Tabela 14.

Tabela 14 – Distribuição de freqüências

c = 2

Notas	Freqüência absolutas (f_i)	Pontos médios x_i
0 a 2	1	1
2 a 4	2	3
4 a 6	7	5
6 a 8	8	7
8 a 10	2	9
n	20	-

Procedimento: dados agrupados

1) Limpar a memória (M+) da calculadora: Shift AC/on =

2) Acessar as teclas mode e SD (Desvio Standard) e, em, seguida Shift AC/on =

3) Colocar na memória os números dos conjuntos dados: ponto médio 1 seguido de shift ; e da freqüência absoluta 1 M+, 3 shift ; 2 M+ , tantas vezes quantas forem as classes

4) Para obter a média aritmética, acessar Shift $\bar{x}$ = (na tecla 1) resultando 5,8

5) Para obter o desvio-padrão acessar Shift $x\sigma_n$ = (na tecla 2) resultando 1,94 e Shift $x\sigma_{n-1}$ = (na tecla 3) resultando 1,99 para o desvio-padrão corrigido

4.5 Arredondamento de dados

Os cálculos apresentados podem ser arredondados para uma, duas ou mais casas decimais.

Procedimento:

Acessar a tecla mode, seguidamente três vezes, até aparecer no visor a palavra Fix, à qual corresponde o número 1. Acessar a tecla 1; no visor aparece o símbolo 0~9?, que corresponde ao número de casas decimais desejado. Escolher 2, por exemplo, e serão fixadas duas casas decimais para todos os cálculos realizados. Com o mesmo procedimento, pode-se variar o número de casas decimais para outros cálculos. Para voltar ao normal, acessar a tecla mode e a tecla 1 (Comp).

Acrescentamos a seguir o critério de arredondamento de dados, a ser utilizado quando a calculadora não estiver disponível.

Procedimento

1) Se o último algarismo for:		Exemplos: Arredondar para décimos
0		a) 23,10 → 23,1
1		
2	Abandonam-se o último e o conserva-se penúltimo algarismo	b) 137,32 → 137,3
3		
4		c) 89,65 → 89,6
P5	Usa-se a regra anterior, pois o algarismo anterior é PAR	d) 0,35 → 0,4
I5	Usa-se a regra seguinte, pois o algarismo anterior é ÍMPAR	
6		e) 1,47 → 1,5
7		
8	Abandona-se o último e soma-se 1 ao penúltimo algarismo	f) 14,68 → 14,7
9		g) 1234,29 → 1234,3

2) Se os dois últimos algarismos forem:

00	
01	Abandonam-se os dois últimos e conserva-se o antepenúltimo algarismo
02	
48	
49	
P50	Usa-se a regra anterior
I50	Usa-se a regra seguinte
51	
52	
...	Abandonam-se os dois últimos e soma-se 1 ao antepenúltimo algarismo
99	

Exemplo: Arredondar para décimos

a) 25,326 → 25,3

b) 137,748 → 137,7

c) 85,650 → 85,6

d) 3,350 → 3,4

e) 1,479 → 1,5

f) 14,680 → 14,7

g) 1234,297 → 1234,3

O procedimento neste caso assemelha-se ao anterior, com os dois últimos algarismos variando de 00 a 49 (inferior a 50); 50 com algarismo anterior PAR ou ÍMPAR e com os dois últimos algarismos variando de 51 a 99 (superiores a 50).

3) Se os três últimos algarismos forem:

000	
001	
002	
...	Abandonam-se os três últimos e conserva-se o algarismo imediatamente anterior
499	
P500	Usa-se a regra anterior
I500	Usa-se a regra seguinte
501	
502	
...	Abandonam-se os três últimos e soma-se 1 ao algarismo imediatamente anterior
999	

Exemplo: Arredondar para décimos

a) 75,3263 → 75,3

b) 147,7441 → 147,7

c) 95,6500 → 95,6

d) 4,3500 → 4,4

e) 13,6832 → 13,7

f) 1734,2977 → 1734,3

Por recorrência, estendem-se esses critérios para os últimos quatro, cinco, seis, ... algarismos.

4.6 Representação gráfica

A representação gráfica de tabelas de dados ilustram os trabalhos, além de direcionar o leitor ao exame do tema a que se refere.

O gráfico deve apresentar como características indispensáveis: simplicidade (representação geral dos dados, sem detalhes secundários), clareza (facilidade de interpretação) e veracidade (fonte fidedigna), permitindo ao leitor uma informação sucinta e rápida.

Existe uma variedade de gráficos classificados como:

a) Gráficos de informação

- Linhas, curvas;
- Colunas: constituídos por retângulos de mesma base (arbitrárias) e de alturas proporcionais aos valores dos dados;
- Barras: cujas alturas são constantes e comprimentos proporcionais aos valores dos dados;
- Setores: constituídos de áreas de um círculo subdividido em setores cuja soma dos ângulos é igual a 360°;
- Pictogramas: constituídos por figuras que apresentam valores proporcionais aos da grandeza que representam;
- Cartogramas (ilustrações sobre cartas geográficas): representação de fenômenos quanto a sua ocorrência em áreas geográficas. Ex.: densidade de população dos estados, dos municípios.
- Estereogramas (representações em volumes).

Com o aplicativo Microsoft Excel®, pode-se construir uma tabela e escolher esses gráficos.

b) Gráficos de análise

- Histogramas;
- Polígonos de freqüências;
- Ogiva de Galton (ou Polígono de Freqüências Acumuladas – crescentes ou decrescentes);
- Curva de Gaus (ou Curva Normal).

Os gráficos estão diretamente relacionados com as séries estatísticas, resumidas abaixo:

Tabela 15

Série	Variável	Constantes	Gráfico indicado
Cronológica ou temporal	tempo	local e fato	linhas, curvas
Específica ou qualitativa	fato (fenômeno)	local e tempo	barras, colunas e setores
Geográfia ou territorial	local	fato e tempo	cartogramas, colunas e setores
Distribição de freqüências	–	fato, local e tempo	histograma, polígono de freqüências, ogiva de Galton

Existem ainda as séries conjugadas, também denominadas compostas ou mistas:

- Geográfica-Histórica;
- Especificativa-Cronológica;
- Especificativa-Geográfica;
- Especificativa-Especificativa;

Sugerimos aos estagiários fazerem levantamentos de matrículas em certo período (série temporal ou cronológica) de uma instituição, por meio de consulta de seus arquivos e Diretorias de Ensino. Iniciar com o levantamento atual dos alunos por série, corpo administrativo e docente (séries especificativas). É um momento propício para o entrosamento com os profissionais que compõem o quadro de funcionários do estabelecimento de ensino onde o aluno estagiará. Consultar as publicações do Instituto Brasileiro de Geografia e Estatística (IBGE) para aperfeiçoar suas pesquisas, usando sua intuição e criatividade.

4.7 Taxas e índices

Para uma análise do crescimento e do desempenho de uma instituição podem ser calculadas taxas (relação entre duas grandezas) que relacionam as matrículas, o aproveitamento e outras atividades docentes e discentes.

A relação entre variáveis da mesma espécie ou de espécies diferentes, como o número de alunos matriculados em determinada série e o de alunos aprovados; o número de vagas oferecidas em um concurso para determinada função e o número de candidatos permitem a tomada de decisões baseada nessas informações.

São apresentados a seguir alguns exemplos de taxas e índices utilizados para essa e outras abordagens:

A Tabela 16 apresenta o número de alunos matriculados nas instituições de ensino A e B e o resultado no final do período escolar.

Tabela 16

Instituição	A	B
Aprovados	640	580
Reprovados	200	128
Desistentes	10	12
Matriculados	850	720

4.7.1 Taxa de aproveitamento

$$C_{ap} = \frac{n^{\underline{o}} \text{ de alunos aprovados}}{n^{\underline{o}} \text{ de alunos matriculados}}$$

Turma A	Turma B
$C_{ap\,A} = \dfrac{640}{850} = 0,7529$ ou $75,29\%$	$C_{ap\,B} = \dfrac{580}{720} = 0,8656$ ou $86,56\%$

Observa-se um aproveitamento melhor da Turma B.

Esse resultado serve de referência para que as instituições encontrem soluções, tomem providências e acompanhem os resultados das classes, com o objetivo de minimizar o número de alunos reprovados.

4.7.2 Taxa de reprovação

O complemento aritmético desses resultados informa as taxas de reprovação respectivas:

Turma A

100% − 75,29% = 24,71%

Turma B

100% − 86,56% = 13,44%

4.7.3 Taxa de evasão

A taxa de evasão também pode ser medida dividindo-se o número de alunos desistentes pelo total de alunos matriculados.

$$C_{ap} = \frac{n^{\underline{o}} \text{ de alunos desistentes}}{n^{\underline{o}} \text{ de alunos matriculados}}$$

Turma A	Turma B
$C_{cA} = \dfrac{10}{850} = 0{,}0118$ ou $1{,}18\%$	$C_{cB} = \dfrac{12}{720} = 0{,}0167$ ou $1{,}67\%$

4.7.4 Índice de densidade escolar

O índice de densidade escolar estabelece uma relação entre variáveis de espécies diferentes. Área do espaço físico ocupado da sala em relação ao número de alunos matriculados da classe.

$$D = \frac{60 \, m^2}{40 \, alunos} = 1,5 \, m^2/aluno$$

4.7.5 Taxa média de crescimento anual

O índice demonstra o desenvolvimento de fenômenos a partir de uma situação inicial e o surgimento de resultados que indicam a evolução ou as mudanças ocorridas ao longo do tempo.

A taxa de crescimento anual é a relação entre os valores observados em um período (um ou mais anos), tomando como base uma ocorrência inicial (ano-base).

A expressão que representa a taxa de crescimento (ou de decrescimento) anual é dada por:

$$T_{ca} = \frac{\text{ano a ser comparado}}{\text{ano-base}} \times 100$$

Exemplo 1: Matrículas no Curso Médio da instituição de Ensino A, ocorrida no período de 2000 a 2004.

Tabela 17

Ano	Matrícula
2000	680
2004	900

Ano-base 2000 → 100

Aumento do número de matrículas no período de 2000 a 2004:

$$T_{ca} = \frac{900}{680} \times 100 = 132,35\%$$

significa que no período de quatro anos houve um acréscimo de matrículas de 32,35%.

Pode-se calcular, também, o crescimento ano a ano de matrículas dessa instituição, pela taxa média móvel, utilizando-se o ano anterior como ano-base.

Tabela 18

Ano	Matrícula
2000	680
2001	735
2002	803
2003	820
2004	900

$$T_{ca} = \frac{735}{680} \times 100 = 108,09\%$$

significa que no período de 2000 a 2001, houve um aumento de matrículas de 8,09%.

No período de 2001 a 2002, o acréscimo foi de

$$T_{ca} = \frac{803}{735} \times 100 = 109,25\%$$

ou seja, um aumento de 9,25%.

Com o mesmo procedimento, calculam-se os acréscimos de matrículas ano a ano.

Tabela 19

Ano	Matrícula	Taxa de crescimento (base móvel)
2000	680	100,00%
2001	735	108,09%
2002	803	109,25%
2003	820	102,12%
2004	900	109,76%

4.7.6 Índice de qualidade ambiental (EQ)

É importante ressaltar que os índices constituem um forte indicador do sucesso ou insucesso em qualquer atividade, em particular no monitoramento ambiental.

Para o tema do projeto sugerido no Capítulo 3, pode-se utilizar o Índice de Qualidade Ambiental (EQ), introduzido pela Federação Nacional da Vida Selvagem (NWF) dos Estados Unidos. Esse índice foi publicado pela primeira vez em 1969 e avaliava seis recursos naturais: ar, água, solo, flora, fauna silvestre e minerais. Em 1970, foi acrescido o item hábitat. Essa lista foi contemplada com mais quatro itens: acidificação, dispersão de pesticidas, tóxicos e mudanças climáticas.

A Tabela 20 mostra as categorias ambientais, as pontuações e a importância relativa. A partir desses valores, calcula-se o Índice de Qualidade Ambiental, multiplicando-se a pontuação pela importância relativa, dividida por 100.

Tabela 20 – Desenvolvimento de um Índice EQ Nacional

Categoria	Pontuação	Importância relativa	Índice de qualidade ambiental
Solo	77	31	23,87
Ar	32	20	6,4
Água	42	20	8,4
Hábitat	58	12	6,96
Minerais	48	7	2,55
Fauna silvestre	51	5	3,8
Flora	76	5	
Índice EQ nacional*			55,34

*Fonte: GROVER, Velma I. *Índices ambientais*: uma visão geral. Revista *Iswa Times* nº 3, 2001.

Observa-se nessa tabela o índice EQ como referência da melhora ou deterioração da qualidade ambiental.

4.8 Séries estatísticas

Para apresentação de uma série estatística, em trabalhos que precedem a elaboração de um projeto, foram selecionados parcialmente os dados de uma tabela do IBGE:

Tabela 21 – Média de anos de estudo da população de sete anos ou mais, por grupos de idade, nas Unidades da Federação e Regiões Metropolitanas – 1999 – Região Sudeste

Unidades da Federação Regiões Metropolitanas	7 a 10 anos	11 a 14 anos	15 a 17 anos
Brasil	1,2	4,0	6,2
Sudeste	1,3	4,5	7,0
Minas Gerais	1,2	4,3	6,4
Região Metropolitana (BH)	1,3	4,4	6,9
Espírito Santo	1,4	4,3	6,7
Rio de Janeiro	1,2	4,1	6,7
Região Metropolitana (RJ)	1,2	4,2	6,9
São Paulo	1,4	4,8	7,3
Região Metropolitana (SP)	1,4	4,8	7,4

Fonte: (Extraído da Tabela 2.87) – Estudos e pesquisas, informação demográfica e socioeconômica, nº 5. *Síntese de indicadores sociais* 2000. Rio de Janeiro: IBGE, 2001.

Trata-se de uma série conjugada geográfica-especificativa, que mostra o período de estudo de diversas faixas de idade da população em idade escolar de Unidades da Federação – Região Sudeste, comparadas com a do Brasil.

A tabela é composta de título, corpo (linhas e colunas), cabeçalho (identificação das colunas), coluna indicadora (a primeira) e fonte de informação.

É importante consultar as Normas de Apresentação Tabular do Instituto Brasileiro de Geografia e Estatística (IBGE), adotada pela Associação Brasileira de Normas Técnicas (ABNT), como um "instrumento capaz de orientar todos aqueles que se utilizam de tabelas como forma de apresentação de dados numéricos". "(...) No entanto, foi preservado o direito dos editores de seguirem suas preferências estéticas ou normas editoriais estabelecidas na escolha de recursos gráficos ou tipologias."

4.9 Separatrizes

4.9.1 Quartis

Os quartis são três e dividem um conjunto de números ordenados em quatro partes iguais, a saber:

1º Quartil (Q_1) = deixa antes 25% dos elementos e depois, 75%;

2º Quartil (Q_2) = mediana (md) – deixa antes 50% dos elementos e depois, 50%;

3º Quartil (Q_3) = deixa antes 75% dos elementos e depois, 25%.

Exemplo 1: Na prova de Matemática, as notas de 20 alunos de um curso de Ensino Médio foram:

Tabela 22

3	5	4	9	7	3	8	4	9	7
6	5	8	7	5	3	9	10	4	3

Ordenando:

Tabela 23

1º	2º	3º	4º	5º	6º	7º	8º	9º	10º
3	3	3	3	4	4	4	5	5	5
6	7	7	7	8	8	9	9	9	10
11º	12º	13º	14º	15º	16º	17º	18º	19º	20º

Determinação do

1º Quartil

$\dfrac{n}{4} = \dfrac{20}{4} = 5$ → o 1º quartil é a média aritmética do 5º e 6º termos: $\dfrac{4+4}{2} = 4$

2º Quartil = mediana

$$\frac{2n}{4} = \frac{n}{2} = \frac{20}{2} = 10$$ → o 2º quartil é a média aritmética do 10º e 11º termos:

$$\frac{5+6}{2} = 5,5$$

3º Quartil:

$$\frac{3n}{4} = \frac{3 \times 20}{4} = 15$$ → o 3º quartil é a média aritmética do 15º e 16º termos:

$$\frac{8+8}{2} = 8$$

outro modo

Tabela 24

1º	2º	3º	4º	5º	6º	7º	8º	9º	10º
3	3	3	3	4	4	4	5	5	5
6	7	7	7	8	8	9	9	9	10
11º	12º	13º	14º	15º	16º	17º	18º	19º	20º

n = 20 (par)

1º Quartil: é a média aritmética entre os termos de ordem 0,25 × 20 = 5 e o termo seguinte.

5º termo = 4 e 6º termo = 4 → $Q_1 = \frac{4+4}{2} = 4$

2º Quartil: é a média aritmética entre os termos de ordem 0,5 × 20 = 10 e o termo seguinte.

10º termo = 5 e 11º termo = 6 → $Q_2 = \frac{5+6}{2} = 5,5$

3º Quartil: é a média aritmética entre os termos de ordem 0,75 × 20 = 15 e o termo seguinte.

15º termo = 8 e 16º termo = 8 → $Q_2 = \dfrac{8+8}{2} = 8$

Exemplo 2: Na prova de Estatística, as notas de 25 alunos de um curso de Ensino Médio, foram:

Tabela 25

5	9	3	4	10
3	5	6	5	6
10	6	3	7	7
8	7	10	8	4
9	6	8	8	9

Ordenando:

Tabela 26

3	3	3	4	4
5	5	5	6	6
6	6	7	7	7
8	8	8	8	9
9	9	10	10	10

n = 25 (ímpar)

1º Quartil: é o termo de ordem 0,25 × 25 = 6,25 → arredondar para o inteiro seguinte: 7º termo → $Q_1 = 5$

2º Quartil: é o termo de ordem 0,5 × 25 = 12,5 → arredondar para o inteiro seguinte: 13º termo → $Q_2 = 7$

3º Quartil: é o termo de ordem 0,75 × 25 = 18,75 → arredondar para o inteiro seguinte: 19º termo → $Q_3 = 8$

De modo análogo, determinam-se os Decis e Percentis.

Exemplo 3: Na prova de Português de uma classe de 20 alunos, do curso de Ensino Médio de uma instituição, as notas foram:

Tabela 27

7	4	6	4	7	5	6	3	5	8
8	5	4	7	4	10	4	9	8	7

Ordenando:

Tabela 28

3	4	4	4	4	4	5	5	5	6
6	7	7	7	7	8	8	8	9	10

Determinar os percentis de ordem P_{10} e P_{90}.

n = 20

O 10º Percentil: é a média aritmética entre os termos de ordem $\frac{10n}{100} = \frac{10 \times 20}{100} = 0{,}10 \times 20 = 2$ e o termo seguinte → $P_{10} = \frac{4+4}{2} = 4$

O 90º Percentil: é a média aritmética entre os termos de ordem $\frac{90n}{100} = \frac{90 \times 20}{100} = 0{,}90 \times 20 = 18$ e o termo seguinte → $P_{90} = \frac{8+8}{2} = 8$

Exemplo 4: Na prova de Português de uma classe de 15 alunos do Ensino Médio de uma instituição as notas foram:

Tabela 29

8	6	4	9	6
4	5	10	7	4
7	4	6	5	7

Ordenando:

Tabela 30

4	4	4	4	5
5	6	6	6	7
7	7	8	9	10

Determinar o 20º e o 80º percentis.

O 20º Percentil é o termo de ordem $\dfrac{20n}{100} = \dfrac{20 \times 15}{100} = 0,20 \times 15 = 3$ →

3º termo → $P_{20} = 4$; o 80º Percentil é o termo de ordem

$\dfrac{80n}{100} = \dfrac{80 \times 15}{100} = 0,80 \times 15 = 12$ → 12º termo → $P_{80} = 7$.

4.9.2 Aplicação

Conceitos de aproveitamento de alunos em trabalhos e provas utilizando os quartis, decis ou percentis.

Em vez de atribuir notas bimestrais ou semestrais de 0 a 10 para alunos de um curso, podem-se utilizar **pontos** que mostrem o seu desempenho, nas diferentes disciplinas. Cada item de uma prova pode ser valorizado, atribuindo-se um diferencial de pontos para cada questão, dependendo do grau de dificuldade que apresentem.

Exemplo 1: Em uma prova de português, o professor pode atribuir um número de pontos diferentes para questões distintas, relacionadas com ortografia, concordância, originalidade, gramática.

Em uma classe de 30 alunos, na prova em que foram atribuídos pontos diferenciados para cada item, os resultados foram:

Tabela 31

69	10	47	18	25	12	62	70	65	68
41	51	23	65	70	80	38	69	56	69
70	41	32	80	77	61	70	77	69	36

Ordenando:

Tabela 32

10	12	15	18	23	25	32	36	38	41
47	51	56	61	62	65	65	68	69	69
69	70	70	70	72	75	77	77	79	80

Como sugestão, estabelecer um critério para aprovação e recuperação, calculando os percentis de ordem 20, 40, 60 e 80.

n = 30

20º percentil → $P_{20} = \dfrac{25 + 32}{2} = 28,5$

40º percentil → $P_{40} = \dfrac{51 + 56}{2} = 53,5$

60º percentil → $P_{60} = \dfrac{68 + 69}{2} = 68,5$

80º percentil → $P_{80} = \dfrac{70 + 72}{2} = 71,0$

Estabelecendo uma escala para a classificação dos alunos:

Tabela 33

Número de pontos	Desempenho
28,5 ou menos	Recuperação
29,0 a 53,5	Suficiente
54,0 a 68,5	Eficiente
69,0 ou mais	Excelente

As denominações ficam a critério do profissional que aplica a avaliação. Outros intervalos podem ser adotados, como o 1º, 2º e 3º quartis ou os decis.

A vantagem dessa escala é situar o estudante em uma realidade de desempenho e estabelecer um critério mais flexível e menos rígido do que as notas variando de 0 a 10. Além disso, oferecer a oportunidade de o aluno se recuperar, sem constrangimentos, e de a instituição tomar providências para melhorar a capacitação do aluno e minimizar a retenção dos educandos.

Exemplo 2: Um modelo para medir a capacitação do estudante em uma disciplina, trabalho ou teste que utiliza a média aritmética e o desvio-padrão.

Retomando o exemplo anterior: Em uma classe de 30 alunos, na prova em que foram atribuídos pontos diferenciados para cada item, os resultados foram:

Tabela 34

69	10	47	18	25	12	62	70	65	68
41	51	23	65	70	80	38	69	56	69
70	41	32	80	77	61	70	77	69	36

Média aritmética:

$$\bar{x} = \frac{1621}{30} = 54,0$$

Desvio-padrão:

$$s = \sqrt{\frac{\sum_{1}^{30} x_j^2}{n} - (\bar{x})^2} = \sqrt{\frac{100735}{30} - (54,0)^2} = 21,0$$

Intervalos:

média aritmética menos duas vezes o desvio-padrão
$\bar{x} - 2s = 54 - 2 \times 21 = 12$
média aritmética menos uma vez o desvio-padrão
$\bar{x} - 1s = 54 - 1 \times 21 = 33$
média aritmética
$\bar{x} = 54$
média aritmética mais uma vez o desvio-padrão
$\bar{x} - 1s = 54 + 1 \times 21 = 75$
média aritmética menos duas vezes o desvio-padrão
$\bar{x} - 2s = 54 + 2 \times 21 = 96$
média aritmética menos três vezes o desvio-padrão
$\bar{x} - 3s = 54 + 3 \times 21 = 117$

Sugestão: Os intervalos adotados servem para fixar os critérios de desempenho dos alunos.

Número mínimo de pontos para a aprovação: 33 (correspondente à média aritmética menos uma vez o desvio-padrão).

Os alunos que obtiverem:

a) menos de 33 pontos estão em recuperação;
b) entre 33 e 53 pontos, têm um desempenho considerado suficiente;
c) entre 54 e 74 pontos, desempenho eficiente;
d) 75 ou mais pontos, desempenho excelente.

Resumo:

Tabela 35

Número de pontos	Desempenho
Menos de 33	Recuperação
33 a 53	Suficiente
54 a 74	Eficiente
75 ou mais	Excelente

4.10 Sugestões aos estagiários

1. Gerenciar o tempo, estabelecendo prazos para cada atividade;
2. Conhecer a política de gestão da escola;
3. Concentrar-se nas soluções e nos sucessos obtidos;
4. Procurar conhecer a gestão de escolas bem-sucedidas;
5. Utilizar o computador como ferramenta e a Internet como um dos meios de informação;
6. Manter suas anotações gravadas em disquetes, CDs ou arquivos, de modo a tê-las disponíveis;
7. Conhecer os recursos de informática da instituição;
8. Buscar alternativas, em seu trabalho, relacionadas com as eventuais deficiências inerentes à instituição;

9. Vencer a resistência a propostas de mudanças, procurando encontrar valores que as justifiquem e ser participativo;
10. Procurar conhecer os valores que contribuem para sua formação profissional, desde o início de carreira, com ética e disciplina. Buscar a especialização, continuamente, para consolidar um embasamento teórico ideal.

Capítulo 5

Revendo as proposições anteriores para organizar o trabalho

5.1 Organizando o pensamento para produzir e registrar idéias

Organizar o pensamento é atitude indispensável: a cada ato, em cada momento, se não houver organização, as idéias não serão claras ou precisas.

Para elaborar projetos acadêmicos, no trabalho, na vida diária, a produção e organização do pensamento e, conseqüentemente, de idéias é fundamental. Projetos bem organizados levam ao sucesso, quando do preparo de dissertações, relatórios, teses e outros estudos. "A ordenação das idéias e a clareza da linguagem constituem a âncora de um relatório agradável e útil." (BIANCHI et al., 2003, p. 45).

Portanto, é preciso persistência, vontade de aproveitar o tempo de estada na educação superior para aprender. Essa aprendizagem resulta do cumprimento de atividades importantes, como a elaboração de projeto, aplicação e posterior redação de relatório referente ao planejado.

5.2 Uniformização e regularidade na apresentação dos trabalhos

A fim de organizar o trabalho, as normas a serem seguidas são de suma importância.

Trabalhos bem organizados e redigidos, além da aceitação do professor, representam para o estudante uma recompensa em seu esforço intelectual. Afinal, a freqüência em uma instituição de educação superior não é senão a busca de aperfeiçoamento do aprendido em níveis anteriores.

Não se pode prescindir, na licenciatura e em outros níveis de estudos, do trabalho científico porque futuros professores, conhecedores e habituados a utilizá-lo estarão capacitados a planejar suas atividades de forma segura, quando no exercício de sua profissão. O que se estudou nos capítulos anteriores leva a essa segurança. Aqueles que se preparam para exercer o magistério devem cada vez mais se aperfeiçoarem na área de sua atuação. Vale lembrar que a continuidade dos estudos em pós-graduação, especialização e outros são necessários.

Ainda, organizar idéias aprende-se com a intelectualidade que, conseqüentemente, facilita a atuação no cotidiano, até mesmo nos momentos de se pôr a "mão na massa" e partir para a execução de trabalhos, mesmo os mais simples.

Ensinar o aluno a pensar e organizar-se intelectualmente, utilizando seus conhecimentos em tarefas de simples execução, é reviver o *homo faber*[1] do passado e contribuir para a formação de pessoas auto-suficientes e cônscias de seu papel no mundo em que vivem.

5.2.1 O trabalho científico – importância das normas a serem seguidas

As normas a serem seguidas promovem coerência na apresentação dos trabalhos, e as instituições procuram atualmente essa uniformização.

---

[1] Estudante da Idade Média que se utilizava da habilidade intelectual para "pôr a mão na massa" e assim tornar os trabalhos manuais mais fáceis.

As orientações, encontradas neste livro, têm como principal objetivo incentivar a utilização de projetos, com base em métodos e técnicas de pesquisas, e conseqüente tratamento estatístico para execução de trabalhos. Para tanto, devem-se seguir, também, as orientações da ABNT[2], para que o estudante se sinta seguro quanto à formatação de suas apresentações.

5.3 As normas prescritas pela ABNT e os trabalhos acadêmicos

Redigir documentos com base em normas existentes os torna mais fáceis e compreensíveis. Por esse motivo, reafirmamos que utilizar as normas aperfeiçoa os trabalhos, conferindo-lhes apresentação apropriada e proporcionando fácil entendimento para quem os examina. O resultado é uma avaliação mais precisa que oferece, também, avanço para o aluno em seus estudos.

As normas da ABNT de informação e documentação são utilizadas para o estágio. O objetivo primordial é levar o estudante a seguir regras, e, posteriormente, habituar-se a empregá-las em seus trabalhos.

Nos Capítulos 2 e 3, referentes à elaboração de projetos, elas já são indicadas. No Capítulo 6, além das normas a serem seguidas, são apresentados detalhes específicos para Licenciatura, importantes na redação do relatório.

A Estatística enriquece os trabalhos e demonstra o aproveitamento do aluno nos estudos. Para a utilização do conteúdo dessa disciplina no estágio encontram-se subsídios no Capítulo 4.

A Norma 14724 (Informação e documentação – Trabalhos acadêmicos – Apresentação) é básica para os trabalhos. Por ocasião de seu uso, outras são indicadas, mas ela é a base da apresentação e:

---

[2] As Normas da ABNT são a base, no Brasil, para a formatação e apresentação uniforme de trabalhos. Para professores, utilizá-las significa segurança em suas orientações.

(...) especifica os princípios gerais para a elaboração dos trabalhos acadêmicos (teses, dissertações e outros), visando sua apresentação à instituição (...) e aplica-se, no que couber, aos trabalhos intra e extraclasse da graduação.

Conceitua o trabalho acadêmico como:

> Documento que representa o resultado de estudo, devendo expressar conhecimento do assunto escolhido, que deve ser obrigatoriamente emanado da disciplina, módulo, estudo independente, curso, programa e outros ministrados. Deve ser feito sob a coordenação de um orientador.

Outras normas sobre Informação e documentação prescritas pela 14724:

NBR 6023 – Informação e documentação – Referências – Elaboração

6024 – Informação e documentação – Numeração progressiva das seções de um documento escrito – Apresentação

6027 – Informação e documentação – Sumário – Apresentação

6028 – Resumos – Procedimento

10520 – Informação e documentação – Citações em documentos – Apresentação

Essas são as mais utilizadas nos trabalhos. Dependendo da aplicação são ainda indicadas pela mesma norma:

NBR 6034 – Preparação de índices de publicações – Procedimento

12225 – Títulos de lombada – Procedimento

Por essa norma são também prescritos:

CÓDIGO de Catalogação Anglo-Americano. 2. ed. São Paulo: FEBAB, 1983-1985.

IBGE. *Normas de apresentação tabular*. 3. ed. Rio de Janeiro, 1993.

As normas são de suma importância para os trabalhos acadêmicos. Neste capítulo, mencionamos as principais que os norteiam. No Capítulo 6 encontram-se informações mais detalhadas sobre seu emprego, para o preparo e finalização do relatório de estágio.

5.4 Antes de iniciar a elaboração do relatório

O aluno deve manter sempre à mão o projeto, as normas da ABNT e conduzir-se de acordo com as etapas previstas.

O projeto não é um trabalho elaborado apenas para cumprir uma parte do estágio. É resultado de um planejamento que determinou os passos a serem seguidos durante a permanência do aluno na escola escolhida para sua aprendizagem prática. Tê-lo sempre à disposição, registrar cada etapa prevista em rascunhos, gravador ou outro meio facilitará a redação do relatório e a tornará mais segura.

Capítulo 6

Término do trabalho: elaboração do relatório

6.1 Bases para elaboração do relatório

Antes da apresentação do relatório, o aluno deve proceder à revisão do material reunido durante o estágio (rascunhos, fotos, entrevistas etc.), fazer uma seleção e ordená-los. Nesse procedimento compete ao estudante solicitar, se necessário, a ajuda do professor orientador para dirimir dúvidas.

É fundamental rever o projeto para verificar os objetivos traçados, os problemas levantados e outros detalhes que farão parte da redação final.

6.2 Regras para apresentação

Na apresentação de suas publicações, as editoras seguem regras (padronizações editoriais) que as caracterizam. A Editora Thomson Learning, por exemplo, tem como norma não usar espaçamento no início do primeiro parágrafo de cada item. Do segundo em diante, esse espaço aparece no começo da frase, como se pode observar aqui. Para os trabalhos acadêmicos, entretanto, utilizam-se as normas da ABNT e essa tabulação é usada normalmente em todos os parágrafos.

Principais regras para apresentação dos trabalhos:

- Papel branco formato A4 (21 cm x 29,7 cm);
- Digitação: cor preta;
- Ilustrações em cores ou em preto-e-branco (se houver);
- Projeto gráfico – de acordo com orientações do professor;
- Fonte tamanho 12;
- Margens: esquerda e superior, 3 cm, direita e inferior, 2 cm;
- Espaço duplo;
- Referências separadas entre si por espaço duplo;
- Não usar título nem numeração; na dedicatória, epígrafe e folha de aprovação;
- Anexos e apêndices seguem a numeração do texto.

6.3 Partes que compõem o trabalho acadêmico

Projeto e relatório são trabalhos acadêmicos que, utilizados na graduação, preparam o estudante para os níveis mais elevados de ensino.

Elementos pré-textuais: são seis obrigatórios. Dependendo da opção do autor, podem, contudo, totalizar 15.

Elementos textuais: são três e indispensáveis.

Elementos pós-textuais: são cinco, dos quais somente Referências é obrigatório.

A seqüência desses elementos no trabalho é a seguinte:

Elementos pré-textuais

- Capa (obrigatório)
- Lombada (opcional)

- Folha de rosto (obrigatório)
- Errata (opcional)
- Folha de aprovação (obrigatório)
- Página de dedicatória(s) (opcional)
- Página de agradecimentos (opcional)
- Epígrafe (opcional)
- Resumo na língua vernácula (obrigatório)
- Resumo em língua estrangeira (obrigatório)
- Lista de ilustrações (opcional)
- Lista de tabelas (opcional)
- Lista de abreviaturas e siglas (opcional)
- Lista de símbolos (opcional)
- Sumário (obrigatório)

Elementos textuais
- Introdução
- Desenvolvimento
- Conclusão

Elementos pós-textuais
- Referências (obrigatório)
- Glossário (opcional)
- Apêndice(s) (opcional)
- Anexo(s) (opcional)
- Índice(s) (opcional)

A indicação desses elementos encontra-se na NBR 14724, cuja consulta é indicada para aprofundamento nos detalhes a serem seguidos.[1]

---

[1] A maior parte das normas da ABNT apresenta indicações que as complementam.

A redação do desenvolvimento no trabalho de licenciatura, referente ao Estágio Curricular Supervisionado, é interessante e fica mais organizada se for dividida em partes. Para ser mais completo, na primeira parte, deve constar o histórico da escola (data de fundação e outros detalhes) e a biografia da pessoa que deu o nome a essa instituição. Esses dados são obtidos no Plano Gestor, que deve ser consultado pelo estudante.

As partes seguintes devem abranger de maneira ampla a descrição do que foi realizado. A conclusão deve ser um fechamento com comentários sobre as ocorrências e os principais detalhes observados.

6.3.1 Apresentação concisa dos elementos

Para um trabalho ser correto, não é preciso que dele constem todos os elementos. Podem-se incluir somente os elementos obrigatórios:

- Pré-textuais (capa, folha de rosto, folha de aprovação, resumo, sumário);
- Textuais (introdução, desenvolvimento, conclusão);
- Pós-textuais (Referências).

Os demais, dependendo da decisão do autor, acrescentam-se, porém, na seqüência apresentada nas páginas 76-77.

6.4 Elementos obrigatórios

6.4.1 Elementos obrigatórios pré-textuais

- Capa

Exemplo: Modelo 1

NOME DO AUTOR

TEMA

Mês e ano

Modelo 2

**UNIVERSIDADE ÁREA DE CIÊNCIA DA SAÚDE
CURSO: PSICOLOGIA**

**INTEGRAÇÃO DE ALUNOS NO TRABALHO
EM GRUPO: Desafios**

**JISEANE MARIA LERENSE
Novembro 2005**

Consta da NBR 10719:

(...) os relatórios técnico-científicos devem ser apresentados no formato A4 (210 mm ↔ 297 mm). As capas do relatório devem ser resistentes o suficiente para proteger o conteúdo por tempo razoável.

Essa recomendação é básica para trabalhos técnico-científicos, mas também para os acadêmicos.

A apresentação da capa deve ser de acordo com o indicado pela instituição; entretanto, quanto mais simples, mais fácil será sua leitura.

Há instituições que solicitam seu nome na capa; outras pedem apenas o nome do autor, tema ou título, local e data.

No relatório, o tema ilustra a capa e este, eventualmente, pode conver-ter-se em título. Na graduação, em licenciatura, entretanto, essa possibilidade é ampla.

O título deve ser da escolha do estudante. No entanto, é preciso ser discreto. Não há necessidade de um título atrativo, como acontece em publicações destinadas a grande número de pessoas, contudo, deve ser original.

Sua localização é no centro da capa com todas as letras maiúsculas.

O nome do autor, dependendo de orientação da instituição, é inscrito no alto da folha, acima ou abaixo do título, também em letras maiúsculas.

Mês e ano são colocados na parte inferior da capa.

- **Folha de rosto**
Teses, dissertações, relatórios etc.

NOME DO AUTOR

TÍTULO OU TEMA

Relatório exigido para conclusão de (Estágio Supervisionado, dissertação ou outro)

Curso: .... Disciplina: ....

Prof. orientador: ....

Local e ano

Folha de rosto em que aparece o nome da instituição.

**UNIVERSIDADE
ÁREA**

**TEMA OU TÍTULO
AUTOR**

Relatório exigido para conclusão de (Estágio Supervisionado, dissertação ou outro)

Curso: .... **Disciplina:** ....

Prof. orientador: ....

Mês e ano

A folha de rosto tem o mesmo conteúdo da capa e um pequeno texto explicativo. No anverso dessa folha, nas dissertações e teses, o título aparece na mesma direção em que foi localizado na capa; o mesmo deve ser feito com o nome do autor.

Deverão ainda constar, digitados em caixa de texto, logo abaixo do título ou tema: finalidade do trabalho, disciplina, área de concentração (e outros detalhes necessários), nome do professor orientador e, se houver, do co-orientador. Esses dados são digitados com corpo menor (8 ou 10).

Os registros da folha de rosto são semelhantes aos do projeto, diferindo daqueles nos detalhes, que aqui se referem ao trabalho concluído.

Mês e ano do término do trabalho são referidos a 3 cm do final da folha. Há instituições que inscrevem, também, o local em que se encontram.

De acordo com a NBR 14724, no caso de publicações, no verso da folha de rosto registram-se dados indicados pela ficha catalográfica encontrada no Código de Catalogação Anglo-Americano – CCAA2.

- **Folha de avaliação**

```
┌─────────────────────────────────────────────────────┐
│                                                     │
│        UNIVERSIDADE ................................│
│        CURSO ........................................│
│                                                     │
│                                                     │
│                                                     │
│                                                     │
│                    AVALIAÇÃO                        │
│                                                     │
│                                                     │
│                                                     │
│  Aluno: ......................  nº matricula: ..................... │
│                                                     │
│  Título ou tema: ...........................................│
│                                                     │
│  Área: ...........................  Disciplina: .........................│
│                                                     │
│  Parecer: ..................................................│
│  ............................................................│
│                                                     │
│  Nota ou conceito: ........................... (............)│
│                                                     │
│  Data:........../.........../.........            │
│                                                     │
│  Professor(es) ............................................│
│  ............................................................│
│                                                     │
│  Assinatura(s)............................................│
│                                                     │
└─────────────────────────────────────────────────────┘
```

Nos trabalhos inclui-se mais uma página, que "só deve constar das teses universitárias que passarão por um processo de avaliação" (Galliano, 1996, p. 149).

Essa folha de aprovação consta dos trabalhos acadêmicos, de acordo com a NBR 14724.

- **Resumo na língua vernácula e em língua estrangeira**

Entre os itens definidos pela Norma 14724 encontra-se o de número 3 e seus subitens 3.21 e 3.22 que se referem ao resumo em língua vernácula e em língua estrangeira.

As universidades devem solicitar esses resumos, pois o conhecimento de outras línguas além da vernácula prepara melhor o estudante para a convivência com a globalização atual.

- **Sumário**

O sumário, elemento fundamental em todas as publicações, indica a localização dos assuntos de acordo com a numeração das páginas. É elemento pré-textual, colocado no início do trabalho, ao final dessa primeira parte, mas deve ser o último a ser escrito, porque constam dele todos os elementos, da Introdução às Referências ou Índice (se houver no trabalho).

6.4.2 Elementos obrigatórios textuais

- **Introdução**

Nos relatórios das licenciaturas deve-se colocar um histórico da escola na qual o estágio foi realizado. Cada estabelecimento recebe o nome de um educador e alguns detalhes sobre sua personalidade devem completar o histórico.

Ainda deve compor a introdução o resumo de itens, como: delimitação da área escolhida, escolha do tema, do problema e dos objetivos.

Outros comentários sobre a fundamentação teórica, a justificativa da escolha dos procedimentos metodológicos, são necessários.

Se o desenvolvimento do trabalho for em partes, um resumo bastante sucinto de cada uma delas deverá ser incluído. Se for em uma só parte, deve-se descrever resumidamente seu conteúdo.

Se houver anexos, é importante conduzir o leitor à verificação de seus significados, com explicações simples.

- **Desenvolvimento**

Relato de todas as atividades realizadas. É o corpo do trabalho. Deve acompanhar cada etapa do projeto.

> Esse relato pode ser em um só corpo. Pode também ser dividido em partes ou capítulos para facilitar a redação, dependendo de como foi elaborada a previsão. Se a proposta ou projeto for eficiente e bem organizado, certamente haverá muito a ser descrito. Não se deve esquecer que o tratamento estatístico torna o trabalho mais completo, auxiliando inclusive nas conclusões. (BIANCHI et al., 2003 p. 79).

Não é demais lembrar que é absolutamente necessário na licenciatura, durante o estágio, já em rascunhos, que se separe o que foi observado, de acordo com as partes previstas para o relatório. Portfólio e diário de campo devem ser companheiros inseparáveis do estagiário.

Exemplo para a Parte 1:

Resumo sobre local, cidade, bairro, comunidade e suas necessidades.

O Plano Gestor deve ser examinado para verificar e aprender como são traçados os objetivos da escola, o funcionamento, os detalhes sobre comemorações, os planos para recuperação de alunos e demais atividades das quais possa participar. Esses dados devem constar da redação final.

Para a Parte 2, sugere-se:

Relatos de aulas para verificação do aprendido na disciplina Didática: assuntos tratados e seus conteúdos; técnicas utilizadas pelos professores, recursos existentes, auxiliares dessas técnicas. As anotações do que foi observado são muito importantes, pois facilitam a memorização de detalhes. Sem elas, a narrativa torna-se difícil.

Para a Parte 3:

Eventos, projetos, comemorações presenciadas ou das quais participou.

O relatório pode conter nessa parte todas as informações que o estagiário julgar importantes, acrescentando passagens interessantes em projetos e outras atividades que demonstrem sua criatividade e aplicação do conhecimento adquirido em seus estudos.

É ainda interessante mencionar:

> Embora a palavra, tanto escrita como oral, seja um dos mais eficazes instrumentos de comunicação, às vezes um outro recurso gráfico pode cumprir melhor sua função no trabalho científico. Este é o caso das tabelas e de certas ilustrações. De fato, a presença de materiais ilustrativos, como tabelas, gráficos, diagramas, mapas, desenhos, fotografias etc. promove a compreensão direta de certas informações que de outra maneira exigiriam grande número de palavras. (GALLIANO, 1986, p. 145-146).

- **Conclusão**

As conclusões devem basear-se na bibliografia sugerida pelos professores de todas as disciplinas e mais especificamente das áreas envolvidas no estágio, como a Didática e a Metodologia de Ensino. O ponto-chave das considerações que ilustram esse final são os comentários, que devem esclarecer a relação entre o encontrado nas atividades e o tema escolhido.

A conclusão é parte muito especial do relatório e representa em profundidade a competência do estudante. O aproveitamento obtido com esse importante aspecto da aprendizagem na redação final demonstra claramente qual foi a atuação do aluno nas atividades do Estágio Curricular Supervisionado.

Essa parte final do relatório de estágio:

> (...) apresenta um resultado de conjunto. Na conclusão não se devem incluir elementos novos, apenas retomar o que já foi explicitado na introdução e no desenvolvimento, acrescentando-se, é claro, as conclusões logicamente decorrentes dos fatos observados. (ANDRADE, 1995, p. 70).

6.4.3 Elemento pós-textual obrigatório

- Referências

As referências são obras e trabalhos publicados, das quais o autor se utiliza para compor algum trecho do texto por ele elaborado.

As Referências têm sido utilizadas nos trabalhos de graduação. Dessa forma, o estudante aprende a elaborar paráfrases, a fazer citações e conscientizar-se de sua responsabilidade como autor.

Citar os livros utilizados é questão de ética e profissionalismo. Esse procedimento faz com que o aluno se habitue ao registro desse detalhe importante, no qual não deve haver falhas.

A NBR 6023 indica a forma desses registros. Todas as publicações utilizadas e mencionadas no texto devem ser consignadas nas Referências.

6.5 Elementos opcionais

6.5.1 Elementos opcionais pré-textuais

- Lombada

A NBR 12225 refere-se à lombada das publicações, mas esse elemento não tem sido exigido nos trabalhos de graduação.

- Errata

A errata apresenta-se em papel avulso, se houver erros constatados após o término e a encadernação do trabalho.

Solicitar errata para trabalhos de graduação é habituar o estudante a uma última revisão.

Essa correção, em encarte, é colocada logo após a folha de rosto.

Exemplo:

Errata

Folha	Linha	Onde se lê	Leia-se
52	7	boto	boato
70	7	eplicar	explicar

Esse elemento, embora opcional, deve ser utilizado para se evitarem equívocos prejudiciais ao leitor e ao autor.

- **Dedicatória(s). Agradecimento(s). Epígrafe**

Dedicatória. É livre e aparece no trabalho somente quando o autor desejar. Em geral, essa página apresenta-se em dissertações, teses, livros, sendo facultativa no relatório.

Ela "pode ser romântica ou emocional, mas evite dedicar sua tese a um número exagerado de pessoas". (VIEIRA, 1996 p. 62).

Agradecimentos. Se o motivo for bastante justo, poderão constar do relatório. É também mais freqüente em dissertações, teses, livros e outras publicações. De qualquer forma, é sempre elegante agradecer às pessoas que tornaram realizável o trabalho.

Epígrafe. É um elemento encontrado após o Agradecimento, nas folhas iniciais de seções primárias. Serve de tema a um assunto e consiste em citação escrita, na abertura de um capítulo, de uma composição poética ou outra publicação.

- **Listas: de ilustrações, tabelas e gráficos, abreviaturas, siglas e símbolos**

É importante a organização em listas, pois facilita a procura dos componentes do texto, na ordem em que aparecem. Elas se apresentam isoladamente:

Lista de Ilustrações. Ilustrações pertinentes ao assunto tratado dão ao trabalho maior clareza. As ilustrações tornam possível a visualização do ambiente em que os fatos ocorrem.

Lista de Tabelas e Gráficos. As listas de tabelas e gráficos são apresentadas sempre que forem necessárias em um trabalho científico. É preciso indicar com precisão o número das páginas em que se encontram, assim como as dos demais elementos (ilustrações, abreviaturas, siglas e símbolos). No Capítulo 4, encontram-se sugestões para que as tabelas e os gráficos constem do relatório, com o objetivo de esclarecer e também o enriquecer.

Lista de Abreviaturas e Siglas. Em trabalhos de graduação dificilmente são encontradas. Se utilizadas, é necessário elaborar listas separadas.

Símbolos. Mesmo que raros, os símbolos devem da mesma forma ser enumerados.

As listas, a critério do autor, devem apresentar-se logo após o sumário ou fazer parte dele.

Esses elementos opcionais, se bem empregados, enriquecem o relatório de estágio da licenciatura e o tornam mais completo.

6.5.2 Elementos opcionais pós-textuais

- Glossário. Apêndice(s). Anexos(s). Índice

Glossário. É o vocabulário apresentado em uma obra que elucida palavras e expressões regionais ou pouco usadas.

Nos locais de estágio da licenciatura podem aparecer termos e expressões próprios de determinadas regiões. Nesse caso, é interessante apresentá-los no relatório.

O glossário serve, portanto, para esclarecer, explicar e tornar compreensível essa maneira típica de falar.

Apêndices. São documentos inseridos no trabalho para complementar o raciocínio do autor sem prejudicar o desenvolvimento do relatório.

Anexos. São documentos que completam e ilustram o raciocínio do autor do texto, mas que não foram elaborados por ele. Podem ser utilizados no trabalho, dependendo das possibilidades do estagiário em obtê-los na escola.

De acordo com Galliano (1996, p. 154), "apêndices e anexos só devem ser acrescentados ao trabalho se a estrutura da argumentação o exigir".

Índice. Deve ser seguida a NBR 6034 para elaboração desse elemento. Incluí-lo no relatório é um treinamento que pode ter início na graduação.

6.6 Encadernação

A encadernação, dependendo do indicado pela instituição, poderá ser em espiral ou capa dura.

6.7 Folha de fundo

Além dos elementos citados, existentes nas normas da ABNT, não deixaríamos de aconselhar que o aluno feche seu relatório com uma folha A4 em branco, da mesma consistência da capa da frente, se a encadernação for em espiral.

Se for capa dura, antes dela, a folha em branco contribuirá para um bom acabamento e melhor apresentação do trabalho.

6.8 Orientações finais – quatro itens importantes

6.8.1 Apresentação do trabalho

É muito importante proceder à revisão gramatical, examinar cuidadosamente a numeração das páginas e dos itens dela constantes e verificar a formatação de acordo com as normas seguidas.

A linguagem deve ser também revista: novas idéias a serem incluídas no texto, substituições de palavras, repetição de termos no parágrafo etc.

> A boa linguagem de um trabalho é a porta aberta para que quem o lê ou pretende lê-lo sinta-se curioso e já tenha uma expectativa quanto ao seu conteúdo. (BIANCHI et al. 2003, p. 45).

6.8.2 Reler o trabalho é indispensável

É preciso rever a numeração das páginas seguindo as normas existentes. A numeração dos itens deve ser cuidadosa. Quando houver mudanças ou surgirem idéias a serem acrescentadas, devem-se revisar os itens programados anteriormente.

A formatação torna a leitura do trabalho mais fácil. Esse fator também pode influenciar na avaliação do relatório.

6.8.3 A valorização do estágio

O que foi visto nos capítulos anteriores teve por objetivo demonstrar como o zelo e a dedicação dos professores e alunos pelo estágio proporcionam resultados favoráveis para a aprendizagem.

Em sua aplicação apresenta-se, durante a freqüência aos cursos, a oportunidade mais completa de treinamento da teoria aprendida em sala de aula e possibilita ao aluno a observação da realidade na profissão pela qual optou.

O aproveitamento e a interface entre conteúdos das disciplinas pedagógicas permitem ao estudante discernir entre o contexto observado da instituição em que estagia e as metodologias destinadas ao ensino.

Montessori, Freinet, Vigotsky e outros educadores são exemplos. Seus métodos de ensino comumente são estudados e à medida que os conhece, o futuro professor pode antever a possibilidade de aplicá-los nas escolas. É a oportunidade para que o acadêmico, futuro professor, tenha a previsão de tudo o que poderá fazer para bem conduzir seus alunos. O importante é que pondere sobre o que encontrará no início de sua carreira e preveja as atitudes a serem tomadas diante de imprevistos.

Aprender a pôr a mão na massa para executar trabalhos que valorizem seu aprendizado é delinear uma vida plena de recompensas que se completará quando transmitir essa convicção a seus alunos.

6.8.4 Atitudes favoráveis à realização de um bom estágio

O Estágio Curricular Supervisionado é uma disciplina, aparentemente difícil de ser cumprida, pois muitas atividades realizam-se além do horário de freqüência às aulas na universidade.

A avaliação depende muito da atuação do estudante nessas atividades que exigem a prática *in loco* no mercado de trabalho.

A atitude do aluno nesses locais é vital. Exige postura adequada, polidez, interesse, participação, gentileza para com professores, gestores, funcionários e alunos. É também indispensável a pontualidade no comparecimento à escola, de acordo com os horários programados.

Atitudes desfavoráveis, como a prepotência e a falta de colaboração, prejudicam o aproveitamento do estagiário.

Dúvidas e dificuldades na parte pedagógica devem ser examinadas com atenção. É importante a procura pelo aconselhamento do professor orientador.

O futuro profissional de licenciatura deverá encontrar, nesse primeiro contato com a realidade, o caminho para que a teoria associada à prática, que está concretizando nas atividades desenvolvidas, se torne um marco de sua atuação na profissão que escolheu.

Bibliografia

AKANIME, C. T.; YAMAMOTO, R. K. *Estudo dirigido de estatística descritiva*. São Paulo: Érica, 1998.

ANDRADE, L.; SOARES, G.; PINTO, V. *Oficinas ecológicas*. 2. ed. Petrópolis: Vozes, 1995.

ANDRADE, M. H. *Como preparar trabalhos para cursos de pós-graduação*: noções práticas. São Paulo: Atlas, 1995.

_____. *Introdução à metodologia do trabalho científico*: elaboração de trabalhos na graduação. 2. ed. São Paulo: Atlas, 1997.

ANGELINI, F.; MILONE, G. *Estatística geral*. São Paulo: Atlas, 1993. v. I.

ASSOCIAÇÃO BRASILEIRA DE NORMAS TÉCNICAS. NBR 6023. Referências bibliográficas. Rio de Janeiro, 2002.

_____. NBR 6024. Numeração progressiva das seções de um documento – procedimento. Rio de Janeiro, 1989.

ASSOCIAÇÃO BRASILEIRA DE NORMAS TÉCNICAS. NBR 6027. Sumário – procedimento. Rio de Janeiro, 1989.

_____. NBR 6028. Resumos – procedimento. Rio de Janeiro, 1990.

_____. NBR 6034. Preparação de índice de publicações – procedimento. Rio de Janeiro, 1989.

_____. NBR 10520. Informação e documentação – apresentação de citações em documentos. Rio de Janeiro, 2002.

_____. NBR 12225. Títulos de lombada – procedimento. Rio de Janeiro, 1992.

_____. NBR 14 724. Informação e documentação – trabalhos acadêmicos – apresentação. Rio de Janeiro, 2002.

_____. Diretiva – Parte 3. Redação e apresentação de Normas Brasileiras, 1995.

BARROS, A. J. P.; LEHFELD, N. A. de S. *Fundamentos de metodologia*: um guia para a iniciação científica. São Paulo: McGraw-Hill, 1986.

BIANCHI, A. C. M.; ALVARENGA, M.; BIANCHI, R. *Manual de orientação*: estágio supervisionado. 3. ed. São Paulo: Thomson Learning, 2003.

BOCK, A. M. B.; FURTADO, O.; TEIXEIRA, M. L. T. *Psicologias*: uma introdução à psicologia. 13. ed. São Paulo: Saraiva, 2001.

BRASIL. Lei nº 6.494. Dispõe sobre os estágios de estudantes de estabelecimentos de ensino superior e de ensino profissionalizante do 2º grau e Supletivo e dá outras providências, dezembro de 1977.

_____. Decreto nº 87.497 de 18 de agosto de 1992. Regulamenta a Lei nº 6.494.

_____. Lei de Diretrizes e Bases da Educação Nacional, dezembro de 1996.

CHAUÍ, M. *Convite à filosofia*. São Paulo: Ática, 1994.

CUNHA, S. E.; COUTINHO, M. T. C. *Iniciação à estatística*: cursos profissionalizantes. Belo Horizonte: Lê, 1976.

ENCONTRO NACIONAL DE PROFESSORES DE DIDÁTICA. Apostila. Brasília: Universidade de Brasília, 1972.

FEITOSA, V. C. *Redação de textos científicos*. 2. ed. Campinas: Papirus, 1995.

GALLIANO, A. G. *O método científico*: teoria e prática. São Paulo: Harbra, 1986.

GATTI, B. A.; FERES, N. L. *Estatística básica para ciências humanas*. São Paulo: Alfa-Omega, 1975.

GROVER, V. I. Índices ambientais: uma visão geral. Revista *Iswa Times*, Rio de Janeiro, n. 3, p. 4, 2001.

HOEL, P. G. *Estatística elementar*. 2. ed. São Paulo: Fundo de Cultura, 1968.

KELLNER, S. R. O.; FERREIRA J. A. *Estatística*: séries e gráficos. Rio de Janeiro: Renes, 1978.

LEVINE, D. M.; BERENSON, M. L.; STEPHAN, D. *Estatística*: teoria e aplicações. Rio de Janeiro: LTC, 1998.

LAKATOS, E. M.; MARCONI, M. D. A. *Fundamentos de metodologia científica*. São Paulo: Atlas, 1986.

MATTOS, N. S. de; MAGALHÃES, N. W. de; ABRÃO, S. M. A. M. *Nós e o meio ambiente*. São Paulo: Scipione, 1996.

MEDEIROS, J. B. *Redação científica*: a prática de fichamentos, resumos, resenhas. 2. ed. São Paulo: Atlas, 1996.

MEGALE, J. F. *Introdução às ciências sociais*: roteiro de estudos. São Paulo: Atlas, 1989.

MENEGOLLA, M.; SANT'ANNA, I. M. *Por que planejar, como planejar?* 10. ed. Petrópolis: Vozes, 2001.

MINISTÉRIO DA EDUCAÇÃO E CULTURA. *Escola/Empresa*: a qualificação pelo estágio. Brasília, 1979.

MINISTÉRIO DO TRABALHO. Portaria nº 1002 de 29 de setembro de 1972. Dispõe sobre os estágios dos estudantes.

NICK, E.; KELLNER. S. R. de O. *Fundamentos de estatística para as ciências do comportamento*. Rio de Janeiro: Renes, 1971.

NISKIER, A. *LDB*: a nova lei da educação. 3. ed. Rio de Janeiro: Consultor, 1996.

OLIVEIRA, T. de F. R. *Estatística aplicada à educação*. Rio de Janeiro: Livros Técnicos e Científicos, 1974.

_____. *Estatística na escola*: 2º grau. Rio de Janeiro: Ao Livro Técnico, 1974.

PÁDUA, E. M. M. D. *Metodologia da pesquisa*: abordagem teórico-prática. Campinas: Papirus, 1996.

PEREIRA, P. H. *Noções de estatística*: com exercícios para administração + ciências humanas (dirigidos a pedagogia + turismo). Campinas: Papirus, 2004.

PEREIRA, W.; KIRSTEN, J. T.; ALVES, W. *Estatística para as ciências sociais*. São Paulo: Saraiva, 1980.

ROESCH, S. M. et al. *Projetos de estágio do curso de administração*: guia para pesquisas, projetos, estágios e trabalhos de conclusão de curso. São Paulo: Atlas, 1996.

RUDIO, F. V. *Introdução ao projeto de pesquisa científica*. 10. ed. Petrópolis: Vozes, 1985.

SALOMON, D. V. *Como fazer uma monografia*. 4. ed. São Paulo: Martins Fontes, 1996.

SANTOS, B. S. *Pela mão de Alice*. São Paulo: Cortez, 1997.

SEVERINO, A. J. *Metodologia do trabalho científico*. 20. ed. São Paulo: Cortez, 1996.

SECRETARIA DA EDUCAÇÃO FUNDAMENTAL. Parâmetros Curriculares Nacionais. 2. ed. Rio de Janeiro: D&PA, 2000.

SILVA, E. M. et. al. *Estatística*: para os cursos de economia, administração, ciências contábeis. São Paulo: Atlas, 1995.

SPIEGEL, M. R. *Estatística*. 2. ed. São Paulo: McGraw-Hill do Brasil, 1985.

TAFNER, J.; BRANCHER, A.; TAFNER, M. A. *Metodologia científica*: referências, citações, tabelas. Curitiba: Juruá, 1995.

TOMPSON, A. *Manual de orientação para preparo de monografia*: destinado, especialmente, a bacharelandos e iniciantes. 2. ed. Rio de Janeiro: Forense-Universitária, 1991.

TRIOLA, M. F. *Introdução à estatística*. 7. ed. Rio de Janeiro: LTC, 1999.

UNIVERSIDADE FEDERAL DE SANTA CATARINA. Diretrizes para elaboração e redação do trabalho de conclusão de estágio. Florianópolis, 1989.

VIEIRA, S. *Como escrever uma tese*. 3. ed. São Paulo: Pioneira, 1996.

Impresso por
META
www.metabrasil.com.br